威脅建模
開發團隊的實務指南

Threat Modeling
A Practical Guide for Development Teams

Izar Tarandach & Matthew J. Coles 著
簡誌宏 譯

O'REILLY®

來自 *Matt*：

謹將此書獻給我的妻子 *Sheila*——在她同意以自己身為技術作家的批判眼光檢視本書內容之前，她從本書的概念萌芽階段就給予我百分之百的支持，讓我得以在許多漫漫長夜和週末時光埋首寫作。我還要感謝我的其他夥伴：*Gunnar*（我們的狗），牠提醒我要記得休息（出去玩或散步），以及 *Ibex*（我們的其中一隻貓），在我寫作的時候，牠會坐在旁邊以確保我寫的是「好東西」。還要感謝共同作者和長期朋友兼同事 *Izar*——非常感謝你幫助我在威脅建模和整個安全領域找到自己的位置，並持續與我交流想法。期待未來你和我有更多新冒險。

來自 *Izar*：

我將這本書獻給我的兒子 *Shahak*——把你的想法說出來，讓聰明的人和你一起實現它們。非常感謝我的伴侶——*Reut* 的耐心和持續支持，沒有他們，我無法完成這本書。說到「如果沒有他，我不可能完成」，還有 *Matt*，他是本書的共同作者、共同思考者、共同修補者和提出許多次修正的監督者——我始終知道 *Matt* 是分享這趟旅程的最佳人選，我無法想象還有誰更合適了，就讓我們從認識資安工具開始，這將是一段令人感到興奮、激勵、以及充滿趣味的旅程。

目錄

推薦序

在過去的 15 年裡，當我與工程師談論軟體開發生命週期中的安全性時，他們總是反覆地問一個問題：「在你們安全專家規定的所有事情中，我們最應該要做的關鍵活動是什麼？」這個問題讓我感到既好笑又沮喪，而且常常感到厭倦，因為坦率地說，沒有任何一項關鍵活動可以保證軟體開發生命週期中的安全性。這是一個過程——很多時候，即使遵循了過程的每個部分，應用程式仍然容易會受到攻擊並在生產環境中被利用。正如沒有完美無錯誤的軟體一樣，沒有絕對確保安全性的萬靈丹。

如果硬要說有什麼事情可以同時能確保一定程度的安全性，並且會持續提供巨大價值的話，那一定就是*威脅建模*活動。威脅建模當然不能替代其他所有我們規定的安全活動，而且它對「正確執行」的含義有一些包袱。它以繁瑣、永無止境，且進行活動時依賴於個人或團隊的安全專業知識而馳名。但是，讓我與你分享我的經驗，為什麼這是每個開發團隊都應該參與的高價值活動。

當我在 EMC 領導安全工作時，我們透過實施安全軟體開發計畫獲得了幾年的資料，因此我們決定深入研究外部研究人員向我們的產品安全應變中心（PSRC）回報的漏洞。此活動的目標很簡單：弄清楚回報的這些漏洞中有多少可以藉由威脅建模識別出來。數據壓倒性地告訴我們，這些問題中的絕大多數（超過 80%）是設計級別問題，並且在威脅模型中會被發現。

然後，我們對滲透測試結果進行了類似的活動，以比較威脅模型是否可以識別我們的外部測試供應商在其報告中識別的內容，結果相似。採用數據驅動的方法使我們專注於更積極地開發和執行我們的內部威脅建模實踐。

這是我在 Autodesk 目前的職位上大力推廣的東西。我發現威脅建模不僅比在我們的應用程式上運行原始碼分析工具更有效，而且無關緊要的資訊也少得多。這不是批評這些工具發掘安全漏洞的能力，但根據我的經驗，無關緊要的資訊愈少意味著工程師越滿意，對將安全實踐納入開發生命週期的懷疑就越少。

開發人員很忙，他們有完整的工作流程，所以對於導入威脅建模活動，開發人員不是不想改變他們的工作方式，就是不想放慢開發速度以整合安全團隊希望他們做的事情。Izar 和 Matt 擁有多年與開發人員合作的經驗，並蒐集了大量實用技巧，以幫助所有開發人員進行威脅建模，以及如何將威脅建模的結果應用於有效的風險管理。Matt 和 Izar 在本書中提出的建議，讓我們更接近於在產品開發生命週期的早期階段，以識別最嚴重的安全漏洞，使得開發團隊可以在還有時間的時候——在軟體投入生產環境之前——遵循風險管理實踐。

在現今的雲端服務環境中，採用持續整合和持續部署技術至關重要，而典型的威脅建模似乎不合適它。這本書向你展示了連續威脅建模的樣子，這樣你就無須花費數小時在白板上識別設計風險。我一直在挑戰 Matt 和 Izar，希望他們能想出新的技術來整合連續建模並圍繞它開發自動化，但在這方面還有許多工作要做。在 Autodesk，我們遵循一個簡單的口號：把一切都自動化。幾年前，自動化威脅建模似乎是一個白日夢。如今，有了本書中提出的一些概念，我們似乎離這個夢想越來越近了。

現在，當有人問我：「在你們安全專家規定的所有事情中，我們最應該做的關鍵活動是什麼？」我會回答：「我們從威脅建模開始吧，然後我們會告訴你更多。」本書向你展示了如何正確地做到這一點，以及如何將其無縫地整合到你的產品開發生命週期中。

—— *Reeny Sondhi*
Autodesk 副總裁兼首席安全長

前言

歡迎來到針對真實世界的威脅建模實務指南，本書是我們 10 年來在各自職業生涯中對威脅建模和安全系統設計進行研究、開發和實踐的成果。我們努力確保本書的內容不只透過我們的觀察，也有來自於我們同事的經驗和應用安全社群成員的支持。

儘管我們試圖在本書中展示所有當前技術及具前瞻性方法，但是因為威脅建模是一個仍在不斷發展的領域，未來幾個月、甚至幾年內的變化將超越本書所討論的內容。在撰寫本書的當下（2020），雖然已經存在可用於執行安全建模與分析的數十種不同方法，但全球各個專注於安全技術的活躍論壇和開發者社群，仍持續地發明新技術或更新現有的方法。考慮到這一點，本書的目標是基於足夠的理論和指導，為你提供可執行且易於查找的資訊，讓你得出自己的結論，並為你的團隊和系統調整這些技術。

撰寫動機

通常人們普遍會認為只有是資安領域內的專家，才有資格執行威脅建模，但實際上並非如此。威脅建模應該是指程式開發過程中的基本準則及確保安全性的機制。因此，我們在本書中的終極目標是改變人們對威脅建模的看法，使其成為任何人都可以易於上手、學習和執行的學科。

那為何是由我們開始呢？多年前，我們和你們許多人一樣：對整個「威脅建模」感到困惑。

隨著時間的推移，我們逐漸了解一些方法、許多痛點以及一個好的威脅模型可以帶來的許多樂趣。在這個過程中，我們遇到了許多有趣、聰明的人，他們將威脅建模（以及隨之而來的元知識）提升到了一個全新的水平，我們不僅向他們學習，也發展出自己的點子並意識到我們可以在此過程中幫助其他人，讓他們擺脫對威脅建模的恐懼、不確定性和對威脅建模的懷疑。簡而言之：我們希望人們和我們一樣對此感到興奮。

目標讀者

我們為那些負責提高其系統安全性設計、更安全的開發過程和系統安全性更新的開發團隊成員（開發人員、架構師、設計人員、測試人員、DevSecOps）編寫了這本書。這包括設計、構建或維護產品的工程師或 IT 系統人員。

傳統的安全從業者也會在本書中找到價值——尤其是那些還沒有威脅建模經驗的人——雖然本書的目標受眾主要是針對系統開發團隊人員，但產品經理、專案經理等等比較不那麼技術導向的職能部門應該也能在本書找到靈感，起碼可以在這個過程中了解自己的價值和定位！

本書包含（或不包含）的論點

我們主要關注如何使用威脅建模來分析系統設計，以便你可以識別系統實作中和部署時固有的風險，並在一開始就可以避免它們。我們不會提供針對安全設計或分析特定拓撲、系統或演算法的手把手教學步驟；相反地，我們引用了其他在這些方面做得很好的書籍給你參考。我們的目標是為你提供識別存在風險條件所需的工具，為你提供解決這些風險條件的具體方法選項，並為你提供更多資訊的來源，以幫助你擴展威脅建模技能。

在〈導論〉中，我們提供安全原則和安全設計技術的背景知識，並討論了保護你的數據和系統功能的基本屬性和機制。我們細細檢查安全保護、隱私和安全狀態之間的關係，並定義什麼稱作**風險**。我們也一併確認了在你的系統中決定風險的因素。對於那些剛接觸應用程式安全的人、以及那些希望重新了解原則和目標的人來說，〈導論〉中涵蓋的安全基礎知識尤其重要。

在第 1 章中，我們著重於系統建模技術，並向你展示如何識別對評估系統安全性至關重要的關鍵特徵。我們識別哪些是可被利用的弱點，以及這些弱點有哪些對系統安全產生負面影響的方法。

在第 2 章和第 3 章中，我們概述威脅建模並將它視作為系統開發生命週期中的其中一環，且深入回顧現在流行的威脅建模技術，以便在你進行建模和分析系統時可以派上用場。此外，我們還討論了那些處於發展中的新方法和將威脅建模過程遊戲化的主題。

第 2 章及其後續內容對所有讀者都很有價值，包括那些已經了解為什麼威脅建模是一項至關重要的活動、並掌握安全設計原則的經驗豐富安全從業人員。

在第 4 章和第 5 章中，我們討論了威脅建模方法、自動化和敏捷開發（包括 DevOps 自動化）的未來。我們還介紹了以新穎有趣的方式執行威脅建模的專業技術。這些章節對於進階讀者來說應該特別有趣。

第 6 章介紹了我們經常從開發團隊聽到的常見問題，而這些問題亦常出現於採用威脅建模的組織或團隊。有鑑於此，我們提供建議和指導，幫助使用者在威脅建模過程中取得進步，避免常見的陷阱和成功的障礙。

附錄 A 包含使用 pytm 構建和分析系統模型威脅的完整範例。附錄 B 包含威脅建模宣言 —— 一個關於在今天的系統部署中，是什麼使得威脅建模變得有價值且必要的方向聲明。

這些技術適用於各種系統

在本書中，我們以基於軟體的系統為特色，因為它們在所有場景中都是通用的，而且我們不希望將物聯網（IoT）或雲端技術等知識作為理解示例的先決條件。但是我們討論的技術適用於所有系統類型，無論是基於硬體、雲端，還是負責將資料從這一端傳到另一端以安全儲存的系統和軟體，不管是怎麼樣的系統類型與技術組合，我們所討論的威脅建模方式都適用。我們甚至提供分析業務流程的指導，以幫助你了解它們對系統的影響。

你的貢獻很重要

如果你閱讀過其他有關如何進行威脅模型的文章，你可能會注意到我們提供的技術、建構過程和實作方法的意見略有不同，這是設計使然（沒有雙關語！）。如果我們所做的努力在威脅建模社群內引發關於如何理解安全性及其對系統設計影響的建設性辯論，威脅建模將會得到改善，而依賴它的個人也將從中受益。正如我們所說，威脅建模在不斷發展，我們鼓勵你為它的發展做出貢獻。也許有一天我們會在研討會上與你會面或與你一起開發專案，討論我們的經驗並相互學習。

你可以透過 *https://threatmodeling.dev* 提交請求來聯繫我們。

本書編排慣例

本書使用下列的編排方式：

斜體字（*Italic*）

表示新名詞，網址連結，電子郵件信箱，檔案名稱和副檔名。中文以楷體字表示。

定寬字（`Constant width`）

用於程式列表，以及在段落中指明程式碼內的元素，例如變量或函數名稱、資料庫、數據類型、環境變量、語句和關鍵字。

定寬粗體字（**`Constant width bold`**）

表示指令或是應該由使用者輸入的內容。

定寬斜體字（*`Constant width italic`*）

表示應替換為使用者輸入的字，或是由執行環境所決定的變數值。

此圖案代表提示或建議。

此圖案代表註解。

此圖案代表警告或注意。

致謝

感謝以下每一位夥伴在意見回饋、相互討論、專業意見、技術細節以及他們之前在該領域的工作方面所投入的經驗、知識和時間。如果沒有他們的慷慨貢獻，這本書看起來會完全不同：

Aaron Lint, Adam Shostack, Akhil Behl, Alexander Bicalho, Andrew Kalat, Alyssa Miller, Brook S. E. Schoenfield, Chris Romeo, Christian Schneider, Fraser Scott, Jonathan Marcil, John Paramadilok, Kim Wuyts, Laurens Sion, Mike Hepple, Robert Hurlbut, Sebastien Deleersnyder, Seth Lakowske, and Tony UcedaVélez.

特別感謝 Sheila Kamath，多虧有她的寫作技巧幫助我們提高本書的品質和清晰度。作為初次出版的作者，我們從她寶貴的評論中了解到，在隨筆手札上傾訴想法、撰寫白皮書和為希冀本書發揮實用性的廣大讀者們寫作，這之間存在很大差異。

感謝我們的編輯 Virginia Wilson，感謝你的耐心、奉獻、專業精神，並推動我們前進。

如果你也對貢獻資訊安全工具感到好奇，可以查看我們在 SOURCE Boston 2011 上共同展示的第一個作品（*https://oreil.ly/Ps9uw*）。

資訊安全工具中的一些概念進入了我們的 pytm（*https://owasp.org/www-project-pytm*）專案，這對我們來說仍然是一個積極研究的領域。

導論

你們了解知識的方式就是我想知道的內容。

——Richard Feynman，美國物理學家

在〈導論〉中，我們將解釋威脅建模的基礎知識。作於評估安全性的基礎知識，我們還會介紹你所需要了解的重要安全原則，以便你分析系統的安全性。

威脅建模基礎

讓我們從鳥瞰圖開始了解什麼是威脅建模和它為什麼是有用的工具，以及它如何融入開發生命週期和整體安全計畫。

什麼是威脅建模？

程式開發的過程中往往因為不太理想的設計選擇導致軟體弱點的產生，而**威脅建模**（*Threat Modeling*）是藉由分析系統來尋找這些弱點的過程。威脅建模的目標就是在這些弱點被納入系統（程式開發或部署的結果）之前識別它們，以便你可以儘早採取糾正措施。威脅建模活動是一項概念性實戰，旨在幫助你了解應該修改系統設計的哪些特徵，以便將系統中的風險降低到系統擁有人、系統使用者和系統管理員可以接受的程度。

在執行威脅建模時，你需要將系統視為一群組件的集合，及此集合與系統外部世界的交互行為（例如與之交互的其他外部系統）以及可能在這些系統上執行操作的使用者行為集合。然後你試著想像這些系統組件集合和它們之間的交互行為，可能會有哪些失敗的情境發生。在此過程中，你將識別對系統的威脅，隨著這個過程，你會對系統進行修改並再反覆檢驗威脅，直到最後，系統的最終結果是可以抵抗你所想像的各種威脅。

讓我們開門見山地說：威脅建模是一個持續循環的過程。它以明確的目標開始，然後是分析和採取相對應的處置行動，然後再重複這一個過程。威脅建模並不是萬靈藥——它並不能解決你的所有安全問題。威脅建模也不是一個指向網站或是程式碼儲存庫的雷達，一鍵生成可供勾選的項目清單列表。如果你讓團隊中適當的人員參加，則威脅建模是一個合乎邏輯推導且充滿智慧的過程。它會將設計考量和執行步驟進行充分討論，並使其更為清晰與完整。這些過程都需要團隊成員一同付出工作時間與專業知識來參與。

威脅建模的第一條規則可能是古老的格言「**垃圾進，垃圾出**」（garbage in, garbage out）[1]。如果你將威脅建模作為團隊工具箱的一部分，並讓每個人都以積極的方式參與其中，你將獲得很多好處；反之，如果你並沒有充分理解威脅建模的強處與弱項，或並沒有全心全意的投入其中，只把它當成一個「檢查項目表」，那這個過程就只是一個浪費時間的行為。一旦找到適合你和你團隊的方法，並付出必要的努力使其發揮作用，你的系統整體安全狀況將大幅增長。

為什麼需要威脅建模

從長遠的角度而言，威脅建模將使你的工作更輕鬆、更安全，它將帶來更清晰的架構，更明確定義的信任邊界（你還不知道它們是什麼以及它們為什麼重要，但很快你就會知道！）集中的安全測試和更好的文檔，這些都是你需要威脅建模的最佳原因。最重要的是，它將以有組織、精心策劃的方式向你和你的團隊灌輸安全意識的超能力，從而在你的開發工作中產生更好的安全標準和指導方針。

儘管這些附帶好處很重要，但它們並不是最重要的。了解你的系統中可能出現的問題以及你可以透過做些什麼來增加你對所交付內容的信任，這才能讓你可以自由地專注於系統的其他方面。這就是威脅建模需求背後的真正原因。

相同地，正確理解你不需要威脅建模的原因，也是很重要的事情。威脅建模並不能解決你所有的安全問題；它也不會立即將你的團隊轉變為安全專家。最重要的是，你不需要透過使用它來符合什麼安全規範。如果執行安全性實踐措施只是為了在符合規範的檢查表中打勾，那比什麼都沒做更令人沮喪。

1 這句話被 Wilf Hey 和陸軍專家 William D. Mellin 認可。

眼前的障礙

> 程式設計師的煩惱是，你永遠無法弄清楚程式設計師在做什麼，
> 直到為時已晚。
>
> ——Seymour R. Cray，Cray 系列超級電腦的創造者
> （*https://oreil.ly/vg51w*）

這句格言直到今天仍然適用。換言之，當你僅提供程式規格書或以文字記錄需求給程式開發者，然後就不再過問過程與細節的話，那麼最後你有可能會得到一個出乎意外的結果。

老實說，我們都知道開發團隊是隨時處於高度要求和責任制的高壓狀態。程式開發人員必須應對幾乎不斷變化的學習環境，不斷地熟悉、精通、再遺忘某種特定的領域技能。因此，責怪開發人員不知道一些基本且重要的資安知識是不公平的。況且市場上的訓練機構，主要專注於交付商業導向的目標給開發人員，例如系統合規性，藉此滿足訓練機構的培訓目標及其他各種指標，在如何傳達有效、實用的安全內容給開發團隊並協助他們轉化成知識和實務操作方面，我們其實還有很大的進步空間。

安全專家的任務之一是促進開發者社群的資訊安全教育發展。這包括如何開發出**安全的**系統，以及開發完成後如何**評估**程式碼和系統的安全性。為了達成這個目標，使用一些昂貴的資安工具往往可以補足公司或組織內尚未發展的資訊安全專業量能，但是使用工具的作法也會對使用者大幅地隱藏工具背後的專業知識。如果開發團隊成員能更了解工具背後的偵測方法，而不僅僅只是使用它，那麼團隊將獲益匪淺。以下是只會使用但卻沒有深入了解背後原理的例子：

- 電腦輔助訓練（CBT）是每個新進人員的夢魘。一連串用無聊聲調朗讀、使用標準字型和標準圖庫的令人視覺疲勞的投影片，甚至搭配看似無傷大雅、用刪去法即可完成的多選題，長達 45 分鐘的課程往往學不到任何有幫助的東西。
- 簡單又有效的掃瞄器和靜態程式碼分析工具往往號稱採用人工智慧、機器學習、污染分析、攻擊樹以及某種**神秘力量**，但卻無法始終如一地產生相同的結果，或者給出的誤報比實際有用的答案還多。更甚者，分析工具往往希望等整個系統準備好了再執行掃描，此一做法與現代的持續整合 / 持續開發（CI/CD）軟體開發方法相悖。

- 顧問諮詢服務通常是被請求時才參與執行安全業務，往往都是忽然地出現，執行補救措施或教育訓練，然後便揚長而去。這在我們眼中就像海鷗一樣，牠們猛然地撲了過來，在你們身上拉了坨屎，再拍拍屁股走人，留下開發團隊自行處理後果。太過於依賴即時的安全顧問會帶來不利的長遠影響，因為資訊安全顧問並不是團隊成員，或許也並非公司的一員，顧問的利益與團隊目標無關，因此他們不會注重自己工作成果的長期影響。此外，顧問們容易帶來個人的偏見，而且當他們使用某種我們不熟悉的「神祕力量」時，容易在團隊內部引起貨物崇拜[2]，以至於將軟體安全實踐變成複製顧問曾經呈現的結果，而不是將知識內化成團隊技能。

身為安全專家的我們也在組織內給開發人員製造了一種錯誤的期望值，例如以下的例子：

- 一個組織可以透過購買行為來獲得它的安全性態勢。如果組織在資訊安全工具上投入足夠的資金，那麼它將解決所有的安全問題。
- 每一季必修 30 分鐘資安訓練課程就足以讓開發團隊學習到公司對他們的期望目標，同時也能通過公司的稽核標準。且基於這些一流的訓練內容，開發團隊採用訓練內容中的工具也一定會保持警覺，並驗證團隊是否確實地遵循安全守則完成工作。

最近（自 2019 年年中以來）資訊安全產業已經慢慢地接受安全性左移（*https://oreil.ly/DWAiY*）的概念。想像一下你要從左到右進行閱讀，而這個流程的起點在左端。當我們說左移的時候，意思是不論團隊使用什麼樣的開發方法，我們希望將安全實踐措施盡可能地移動到開發工作流程中的起點去執行。這樣做可讓潛在的資安事件發生並儘早得到處理。此外，與設計密切相關的資訊安全考量應該在系統的開發生命週期中儘早參與，例如威脅建模。如果你們團隊尚未採取這樣的措施，那麼現在應該**即刻**實踐。

我們不贊同安全性左移的現象，比起使用各種方法將*安全性左移*，我們更支持在系統設計階段或是需求討論階段就考量系統整體的安全性。

隨著軟體開發流程日益進步與變化，傳統上由左至右的開發週期的線性程度變得愈來愈低，使得安全性左移可能無法滿足系統中的所有安全需求。相反地，安全性左移在社群發展中日漸重要，在一個資訊系統開始考量其安全性**之前**，資訊安全社群需要被視為個體並進一步左移走進開發人員和設計師的日常工作。在這個出發點之上，我們將需要專注於培訓開發團隊做出安全的選擇，並帶來安全開發能力，從而在更基本的層面上避免威脅。

2　貨物崇拜（Cargo Cults）又譯為「貨物運動」，亦稱作「船貨崇拜」，是一種宗教形式，特別出現於一些與世隔絕的原住民中。當貨物崇拜者看見外來的先進科技物品，便會將之當作神祇般崇拜。維基百科 2/21/2022。

依照資訊安全產業的整體培訓工作成果，我們預期看到資訊安全被落實在開發流程上的安全性左移，並在實作階段上以容易理解的語意和以邏輯化的程式碼所表達。但是如果前述的訓練失敗了呢？我們有哪些可能的糾正措施來糾正失敗的假設？

讓我們從另一個角度來看，然後將各個部分連接成對這個情境的連貫回應。在討論安全策略時，有些人會以「在餐桌上的位置」來比喻安全資源的分配與優先處理事項。安全團隊和主管都希望「涉及的利益相關者」在「正在進行的討論」中為安全保留「一席之地」。先做保留的好處是可以讓利益相關者釐清他們的需求，再從資源蛋糕中分得一杯羹。但是還有一個重要的資源沒有計算進來，因為它被「廣泛的培訓」和「簡單又有效的工具」所混淆，那就是開發人員的時間和專注力。

來看看網頁開發人員的例子，如果一個網頁開發工程師在早餐前學了 LAMP 技術棧[3]，那這個技術知識可能在午餐過後就變得過時了，因為此時整個資訊產業已經遷移到 MEAN 技術棧[4]。然後 MEAN 技術棧或許在下午茶時間又被另一個閃亮的新技術給取代，直到 MEAN 技術棧本身進化成另一個新玩意兒，並重新加入這個輪迴。也難怪網路上有許多迷因圖談論工程師永遠有學不完的東西，並且那些學到的專業知識通常都很快就過時。然而，不論這些技術存活時間多久，它們每一個的確都帶來新的安全挑戰*以及*與安全相關的習慣用法和機制。當然不免俗地，每一個技術棧也擁有自己的安全遵守規範，而開發者們必須理解和整合這些使用習慣，以便有效地保護他們正在開發的系統。

如果網站不能關閉，而且網站的日常維運工作與開發人員學習新工具是*在同一個時間進行*，那又怎能期望網站安全性可以共享開發人員的時間與專注力，期待獲得比預期更多的收穫呢？

這就是十字軍東征的開始——正如理查·費曼（Richard Feynman）告訴我們的那樣：「教授原則，而不是公式。」在本書中，我們將專注於*原則*，以幫助你理解和思考哪種威脅建模較適合你的用途、它如何在你的特定使用案例中提供幫助，以及你如何才能最好地將它應用到你的專案和團隊之中。

---

3 LAMP 技術棧由 Linux OS、Apache Web 伺服器、MySQL 資料庫和 PHP 腳本語言的集合組成。

4 MEAN 技術棧由 MongoDB、Express.js、Angular.js 和 Node.js 組成。

系統開發生命週期中的威脅建模

威脅建模是在系統開發生命週期中執行的一項活動，對系統的安全性至關重要。如果不以某種方式執行威脅建模，則你所選擇的設計，很有可能容易被利用以至於引入安全故障，並且以後肯定很難修復（且成本高昂[5]）。為了與「內建而非附加」的安全原則保持一致，威脅建模不應被視為合規性里程碑；在最關鍵的時刻未能執行此活動會帶來現實世界的後果。

如今，大多數成功的公司不再像幾年前那樣執行專案。例如，無伺服器計算[6]等開發範式，或 CI/CD[7] 中的一些最新趨勢和工具，對開發團隊設計、實作和部署當今系統的方式產生了深遠的影響。

由於市場需求和爭先恐後的競爭，如今你很少有機會能在系統開發之前坐下來查看設計是否足夠完整。產品團隊依靠「最小可行性產品」的版本向公眾介紹他們的新想法，並開始建立品牌和追隨者。然後，他們依賴追加發布的方式來添加功能至產品內，並在出現問題時進行更改，這種做法會導致在開發週期的後期對設計進行**重大**更改。

現代系統具有前所未有的複雜性。你可能會使用許多第三方元件、函式庫和框架（可能是開放原始碼或封閉原始碼）來構建你的新軟體，但這些元件很多時候都缺乏文檔記錄、難以理解和缺少安全保障。要創建「簡單」的系統，你需要依賴複雜的軟體、服務和功能的層層堆疊。同樣地，以無伺服器計算部署為例，說「我不在乎執行環境、函式庫、實體機器或網絡，我只關心我的功能是否正常」這樣的話是短視近利的。這一切的幕後隱藏著多少軟、硬體細節？你對你的系統功能「底下」發生的事情有多少控制權？這些事情如何影響系統的整體安全性？你如何驗證你使用的是最合適的角色和訪問規則？

要可靠地回答這些問題並立即獲得結果，你可能會想要聘請外部安全專家。但是安全方面的專業知識可能會依不同專家的能力而有所不同，而且聘請專家的費用可能很高。一些專家專注於特定的技術或領域，而另一些專家的關注範圍廣泛但不夠深入。當然，並不是每位顧問都是這種情況，我們將是第一個證明我們在威脅建模顧問方面擁有一些豐富經驗的人。但是，你可以看到，無論是否聘僱外部專家，但發展適合自身開發團隊的威脅建模知識，仍是一件相當有助益的事情。

---

5 Arvinder Saini，「在 SDLC 的每個階段修復錯誤的成本是多少？」，軟體完整性部落格，概要，2017 年 1 月，*https://oreil.ly/NVuSf*；Sanket，「修復錯誤的指數成本」，DeepSource，2019 年 1 月，*https://oreil.ly/ZrLvg*。

6 「什麼是無服務器計算？」，Cloudflare，2020 年 11 月訪問，*https://oreil.ly/7L4AJ*。

7 Isaac Sacolick，「什麼是 CI/CD？持續整合和持續交付的解釋」，InfoWorld，2020 年 1 月，*https://oreil.ly/tDc-X*。

開發安全的系統

無論使用何種開發方法，你的系統開發方式都必須經過一些非常具體的階段（見圖 I-1）。

- 開始想法
- 設計
- 實作
- 測試
- 部署

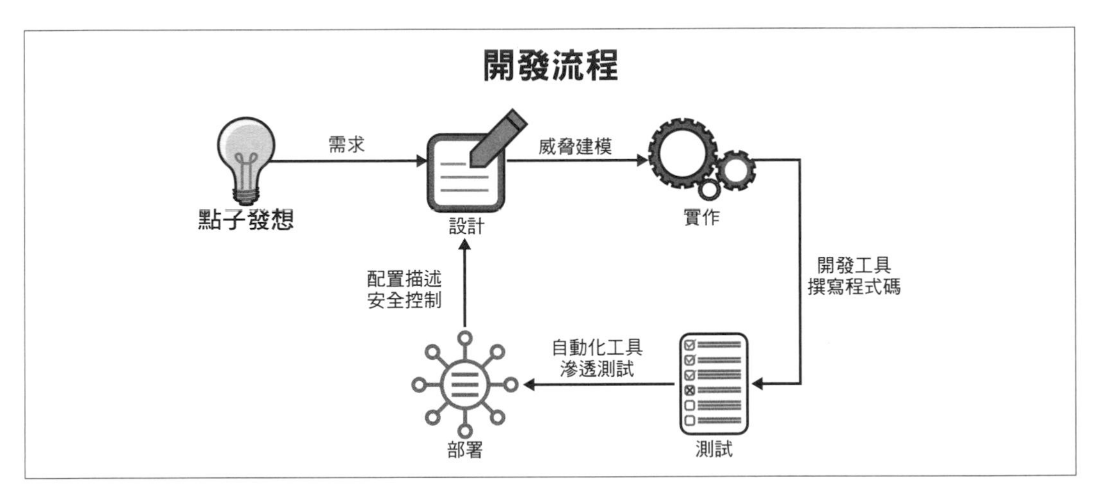

圖 I-1　開發循環和相關的安全活動

例如，在瀑布式開發方法中，這些階段自然而然地相繼發生。請注意，文件的作用是持續不斷的——它必須與其他階段同時發生才能真正有效。使用這種方法時，很容易看出威脅模型在設計階段時可以提供最大的好處。

你肯定會在本書中多次看到我們精心地將威脅建模與設計聯繫起來。這是為什麼？

一個經常被引用的概念表明 [8]，越接近部署階段或完成部署之後，其解決問題的成本就會顯著地增加。這對於熟悉製作和行銷軟體的人來說是顯而易見的；相較於導入解決方案於已經部署在數千個或數百萬個地點的系統（某些極端情況下）[9]，將解決方案應用於開發

8　Barry Boehm，**軟體工程經濟學**（Prentice Hall，1981 年）。

9　凱拉．馬修斯（Kayla Matthews），「物聯網駭客會給經濟造成什麼損失？」，人人享有物聯網，2018 年 10 月，*https://oreil.ly/EyT6e*。

中的系統要來得便宜得多。你不必處理某些用戶未應用修補檔的責任，或因修補系統而引入的向後兼容性可能失敗的問題。你不必與因某種原因而無法繼續使用修補檔的用戶打交道，也不必承擔支持冗長且有時不穩定的升級過程的成本。

因此，威脅建模本質上是著眼於**設計**，並試圖識別**安全缺陷**。例如，如果你的分析表明某種訪問模式使用的密碼是寫死在程式內，則它會被識別為需要解決的**問題**。如果該發現未在設計階段得到解決，那在系統生命週期後期，你可能正在處理一個將被利用的問題。這也稱為具**被利用性**的**漏洞**並且有一定**機率**發生，如果被利用的話，則需要付出相關**代價**。你也可能無法識別問題，或者無法正確地確認可以被利用的內容。完美和完整不是本練習的目標。

威脅建模的主要目標是識別缺陷，使它們成為**發現**（你可以解決的問題）而不是漏洞（可以被利用的問題）。然後，你可以應用緩解措施來降低被利用的可能性和被利用的成本（即損害或影響）。

一旦你確定了一個發現，你就會採取行動來**減輕**或糾正它。你可以透過應用適當的控制來做到這一點；例如，你可以創建一個動態的、用戶定義的密碼，而不是寫死在程式內的密碼。或者，如果情況允許的話，你可以針對該密碼運行多個測試以確保其強度；或者你可以讓用戶決定其密碼設置策略；或者，你可以完全改變做法，藉著不使用密碼並支援 WebAuthn[10]，以完全移除缺陷。在某些情況下，你可能只是承擔風險——考量系統的部署方式，你決定使用寫死在程式內密碼可能沒有問題。（提示：它不是真的沒問題。真的，再想想看。）有時你必須確定風險是可以接受的。在這些情況下，你需要記錄發現、確定和描述不解決它的理由，並將其作為威脅模型的一部分。

重要的是要強調（我們將在整本書中回到這一點）威脅建模是一個進化過程。第一次分析時，你可能無法發現系統中的所有缺陷。例如，你可能沒有合適的資源或合適的利益相關者來檢查系統。但是擁有一個初始威脅模型比根本沒有威脅模型要好得多，等到下一次迭代，當更新威脅模型時，會更好地識別其他缺陷，並提供更高級別的保證——即沒有發現缺陷。你和你的團隊將藉此獲得經驗和信心，這將引導你考慮新的、更複雜或更微妙的攻擊與向量，而你的系統將會不斷地改進。

別再使用瀑布式開發

讓我們轉向更現代的敏捷開發和 CI/CD 方法。

10 「什麼是 WebAuthn？」 Yubico，*https://oreil.ly/xmmL9*。

因為這些是開發和部署軟體的更快方法，你可能會發現不可能停止一切、啟動適當的對話以討論設計，並且針對需要發生的事情達成一致共識。有時你的設計會隨著客戶的要求而發展，而有時你的設計會從系統的持續開發中**出現**。在這些情況下，可能很難預測整個系統的整體設計（甚至不知道整個系統是什麼），並且你可能無法事先進行大範圍的設計修改。

許多設計的提案概述了如何在這些情況下執行威脅建模——從微軟提出的「安全衝刺」（*https://oreil.ly/LWesA*）提案，到在每個衝刺中迭代地對較小的系統單元應用威脅建模。不幸的是，有人聲稱威脅建模會「降低敏捷團隊的速度」。是降低敏捷團隊的速度比較好，還是降低試圖訪問你資料的駭客團隊的速度比較好？現在，重要的是要認識到這個問題；我們稍後會指出可能的解決方案。

一旦你在設計過程中解決了安全問題，你就會看到安全是如何影響開發過程的所有其他階段。這將幫助你認識到威脅建模如何對系統的整體**安全態勢**產生更大的影響，綜合衡量如下：

- 系統內的當前安全狀態
- 攻擊向量、入侵點或改變系統行為的機會，可供參與者探索和利用（也稱為**攻擊表面**）
- 系統中現有的漏洞和弱點（也稱為**安全債**）以及這些因素對系統和業務造成的綜合風險

實作和測試

很難不將實作和測試視為軟體開發中安全性最重要的一面，歸根究底，安全問題主要來自於撰寫程式碼時出現的問題或錯誤。一些最臭名昭彰的安全問題——Heartbleed（*https://heartbleed.com*），有人知道這是什麼嗎？——以及大多數緩衝區溢位問題，它們並非源自於糟糕的設計，而是源自於未按預期執行的程式碼順序，或者以意想不到的方式被執行了。

當你查看漏洞類別（例如緩衝區溢位和注入式問題）時，很容易看出開發人員可能會在無意中引入它們。例如，很容易將以前使用過的程式片段剪下並貼上至現在的系統，或者在考慮不良的輸入值時，陷入了「有誰會那樣做？」的心態。或者開發人員可能因為不知情、開發時間有限或其他因素而沒有考量到安全性，進而引入錯誤。

許多工具藉由執行靜態分析以識別程式碼中的漏洞，有些工具則透過分析原始碼來做到這一點；至於其他工具會先運行程式碼，並且透過模擬輸入不同的值並識別其不良的結果（這種技術稱為**模糊測試**）。機器學習最近也成為識別「不好的程式碼」的另一種選擇。

但是威脅建模會影響這些與程式碼相關的問題嗎？那要依照不同的情況而定。如果你將系統視為一個整體，並確定你能透過解決根本缺陷以完全地消除整個漏洞類別，那麼你就有機會在設計階段時解決與程式碼相關的問題。Google 在處理跨站點腳本（和其他漏洞類）做到這一點，它透過建立函式庫和模式並應用於所有旗下產品以解決問題[11]。不幸的是，為解決某些類型的問題而做出的選擇，可能會切斷解決其他問題的任何途徑。例如，假設你正在開發一個要求高性能和高可靠性的系統，你可能會選擇使用一種提供直接記憶體控制和較少執行開銷的語言，例如 C，而不是 Go 或 Java 等提供更好記憶體管理功能的程式語言。在這種情況下，針對系統內潛在安全問題的範圍，你的選擇可能有限，因為它需要藉由更改技術堆棧才能得以解決。這意味著你必須使用開發時間和測試時間工具來監管結果。

紀錄與部署

隨著系統的開發，負責開發的團隊成員也會自我成長。當一群人開始學習或理解某事並保留該知識但卻不記錄它時，就會存在**部落化的知識**或流於習慣的知識。然而，當團隊成員隨著時間的推移發生變化，有人可能會離開團隊以及新成員的加入，則這種部落化知識可能會丟失。

幸運的是，記錄完備的威脅模型是為新團隊成員提供這種正式和專有知識的絕佳工具。許多模糊的數據點、理由和一般思維過程（例如，「你們為什麼在這裡**這樣做？！**」）非常適合儲存在威脅模型中的文檔中。為了克服限制而做出的任何決定，以及由此產生的安全影響，也可以考慮紀錄在威脅建模文件之中。至於程式的部署也是如此——可以將威脅模型視為第三方元件的使用清單、如何使它們保持最新、強化它們所需的努力，以及配置它們時所必須做的假設。像網絡通訊埠及其協定清單這樣簡單的東西，不僅可以解釋資料在系統中的流動方式，還可以用以解釋有關主機的身分驗證、防火牆配置等的部署決策。所有這些類型的資訊都非常適合放在威脅模型，如果你需要響應合規性稽核和第三方單位的稽核，查找和提供相關詳細資訊會變得更加容易。

---

11 Christoph Kern，「通過軟體設計預防安全漏洞」，USENIX，2015 年 8 月，*https://oreil.ly/rcKL_*。

基本安全原則

導論的其餘部分簡要概述了基礎安全概念和術語，這些概念和術語對於開發團隊和安全從業者至關重要，至少有一定程度的熟悉。如果你想更了解這些原則，請查看我們在本章和本書中提供的許多優秀參考資料。

作為個人或團隊，在學習安全知識的旅途中——熟悉這些原則和術語是關鍵基礎。

基本概念和術語

圖 I-2 強調了系統安全中的關鍵概念。理解這些關係和安全術語，是理解為什麼威脅建模對安全系統設計至關重要的關鍵。

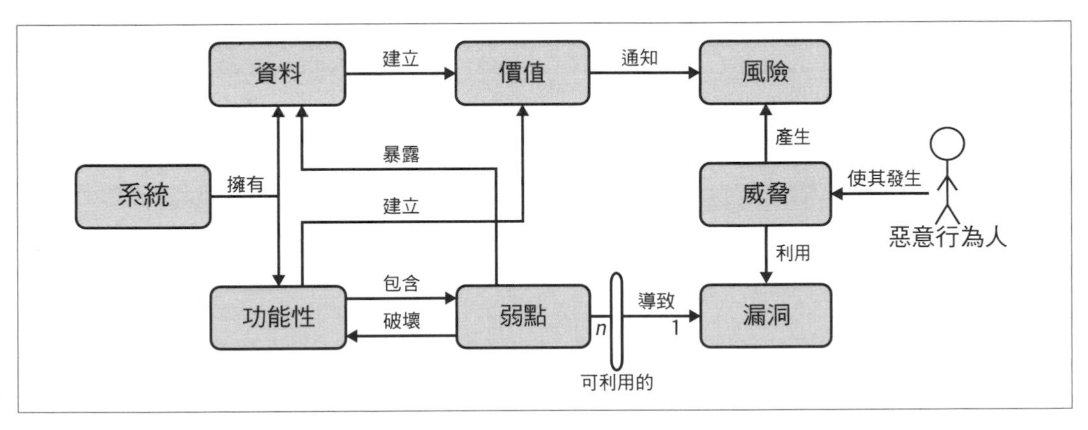

圖 I-2　安全術語的關係

系統包含資產——用戶依賴的**功能**，以及系統接受、儲存、操作或傳輸的**資料**。系統的功能可能包含缺陷，也稱為**弱點**。如果這些弱點是可被利用的，這意味著如果它們容易受到外部影響，則被稱為**漏洞**，利用它們可能會使系統的操作和資料面臨暴露的風險。**參與者**（系統外部的個人或程序）可能具有惡意，並且如果存在某種條件，使得這樣的行為成為可能發生的事，行為者可能會嘗試利用該漏洞；一些技術嫻熟的攻擊者能夠改變條件，創造嘗試利用的機會。在這種情況下，參與者創建**威脅**事件，並透過該事件以特定效果（例如竊取資料或導致功能行為不當）來威脅系統。

功能和資料的結合，在系統中創造了**價值**，而造成威脅的對手則否定了該價值，這構成**風險**的基礎。風險會被控制所抵消，控制指的是涵蓋系統的功能、設計和構建系統的團隊組織行為，以及其成員對系統的操作，但這是有機率被修改的——攻擊者期望造成對系統的傷害，以及他們企圖嘗試的行為能夠成功。

每個概念和術語都需要進一步解釋才能有意義：

弱點

弱點是一種潛在的缺陷，它會修改系統行為或系統功能（導致不正確的行為），或者允許對資料進行未經驗證或不正確的存取。系統設計中的弱點是源於未能遵循最佳實踐、標準或約定俗成的規範而導致的，並且會對系統造成一些不良影響。對於威脅建模者（和開發團隊）來說，幸運的是，有一項社群倡議——常見弱點枚舉（CWE）（*http://cwe.mitre.org*）——已經創建了一個開放的安全弱點分類法，可以在調查系統設計問題時參考。

可利用性

可利用性是衡量攻擊者利用弱點造成傷害的難易程度。換句話說，可利用性是弱點對外部影響的暴露程度[12]。

漏洞

當一個弱點是可利用的（本地端所需授權的環境之外，其可利用性不為零），即被稱之為漏洞。漏洞為懷有惡意的對手提供了一種對系統造成某種破壞的手段。系統中既存但是在以前尚未被發現的漏洞，通常將其稱為**零日漏洞**。零日漏洞與其他類似性質的漏洞一樣危險，但它們之所以比較特殊，是因為很可能尚未找到解決方法來處理它們，因此被利用的可能性可能會增加。與弱點一樣，社區努力創建了漏洞分類法，並將所發現的漏洞編碼在 CVE（*https://cve.mitre.org*）資料庫中。

嚴重性

弱點會對系統及其資產（功能和資料）產生影響；這種問題的潛在損害和「爆炸半徑」被描述為缺陷的嚴重程度。對於那些主要職業是工程師或曾經在任何工程領域的人來說，嚴重性可能是一個熟悉的術語。根據定義，漏洞（可利用的弱點）至少與潛在的缺陷一樣嚴重，而且缺陷的嚴重性通常會更高，因為它很容易被利用。第 xxx 頁的「計算嚴重性或風險」中描述了計算嚴重性的方法。

12 在這裡使用的「外部」一詞是相對的，並且特定於所謂需要授權的環境；例如，作業系統、應用程式、資料庫等。

不幸的是，確定弱點嚴重程度的過程並不總是那麼乾脆。如果在發現弱點的同時，未能辨識出利用缺陷以造成影響的能力，那麼問題會有多麼嚴重？如果後來該缺陷被確認為已經暴露，或者更糟的是，該缺陷是源於系統設計或實作面的變化而暴露，那又會發生什麼情況？這些都是很難回答的問題。稍後我們將在介紹風險概念時談到這一點。

影響

如果弱點或漏洞被利用，則會對系統造成某種影響，例如破壞系統功能或暴露資料。在對問題的嚴重性進行分級，而你需要評估其影響級別時，須以漏洞被成功地利用進而造成的功能和資料潛在損失，作為衡量標準。

參與者

在描述系統時，參與者是指與系統相關的任何個體，例如用戶或攻擊者。具有惡意的行為者，無論是組織內部還是外部，創建或使用系統的，有時亦被稱為**對手**。

威脅

威脅是攻擊者以非零的機率來利用漏洞，以特定方式對系統造成負面影響的結果（通常用「對……的威脅」或「……的威脅」來表達）。

威脅事件

當對手試圖（成功或不成功）利用漏洞達到預期目標或結果時，這被稱為威脅事件。

損失

就本書的目的和威脅建模的主題而言，當對手造成威脅事件以一個（或多個）影響功能和數據時，就會發生損失：

- 攻擊者能夠破壞系統資料的機密性，以洩露敏感或私人的資訊。
- 攻擊者可以修改功能介面、更改功能行為或更改資料的內容或來源。
- 攻擊者可以暫時或永久地阻止已被授權的實體訪問系統功能或資料。

  此處所指的損失以資產或具備價值的數量來描述。

風險

風險將目標被攻擊的潛在價值與實現影響的可能性相結合，不同於系統擁有人或資訊持有者評估價值的角度，這個潛在價值是取決於攻擊者的。你應該使用風險來告知問題的優先等級，並決定是否解決該問題。應優先考慮緩解那些易於被利用的嚴重漏洞，以及可能會導致重大損失的漏洞。

計算嚴重性或風險

我們可將嚴重性（成功地利用漏洞可能造成的損害程度）和風險（發起威脅事件的可能性與成功利用漏洞以產生負面影響的可能性的組合）公式化，以便於計算評估。雖然這些公式並不完美，但使用它們可以提供*一致性*。儘管現今存在許多確認嚴重性或風險的方法，但其中有一些威脅建模方法選擇使用本書未加以描述的風險評分方式。此處提供了三種常用方法的範例（一種用於測量嚴重性，兩種用於風險）。

CVSS（嚴重性）

通用漏洞評分系統（CVSS）（*https://www.first.org/cvss*）現在是 3.1 版，是安全事件應變和安全團隊論壇（FIRST）的產品。

CVSS 是一種數值量化方法，藉由建立數值從 0.0 到 10.0，它允許你識別*嚴重性*的組成部分。該計算基於成功利用漏洞的可能性以及對潛在影響（或損害）的衡量。如圖 I-3 所示，在計算器中設置了八個指標或數值來得出嚴重性等級。

成功的可能性是根據特定指標來衡量的，並且會給出對應的數字等級。這會產生一個稱為*可利用性子分數*的數值。以類似的方式（使用不同的指標）衡量影響性，則稱為*影響性子分數*。將這兩個分數加在一起，得出一個加總的*基本分數*。

請記住，CVSS 衡量的不是風險而是*嚴重程度*。CVSS 可以告訴你攻擊者成功利用受影響系統的漏洞可能性，以及它們可以造成的破壞程度。但它*無法*表明攻擊者何時或攻擊者是否會嘗試利用該漏洞；它也不能告訴你受影響資源，其價值多少或解決漏洞的成本。它只是針對發起攻擊的可能性、系統或功能的價值以及緩解它的成本，以此推動風險計算。依靠原始的嚴重性是傳達有關缺陷資訊的好方法，但這是一種非常不完善的風險管理方法。

可被利用性指標			影響指標		
攻擊向量	AV	網絡 鄰近的 本地端的 實體的	範圍變更	SC	有變更 無變更
攻擊複雜度	AC	低 高	機密性	C	無 低 高
需要特權	PR	無 低 高	完整性	I	無 低 高
使用者互動	UI	無 需要	可用性	A	無 低 高

圖 I-3　通用漏洞評分系統指標、向量和分數

DREAD（風險）

DREAD 是一種古老但具基礎性的重要方法[13]，用於了解安全問題帶來的風險。DREAD 是 STRIDE 威脅建模方法的合作夥伴；我們將在第 3 章深入地討論 STRIDE。

DREAD 是以下各項的首字母縮寫詞：

損害（*Damage*）

　如果對手發動攻擊，他們會造成多大的破壞？

可再現性（*Reproducibility*）

　潛在攻擊是否容易被重現（在方法和效果上）？

可利用性（*Exploitability*）

　進行一次成功的攻擊有多容易？

13 有人說 DREAD 已經失去了它的用處；參見 Irene Michlin，「威脅優先排序：恐懼已死，寶貝？」，NCC Group，2016 年 3 月，*https://oreil.ly/SJnsR*。

受影響用戶（*Affected users*）

有多少百分比的用戶可能會受到影響？

可發現性（*Discoverability*）

如果對手尚未發覺這種攻擊手法，那他們發現攻擊的可能性有多大？

DREAD 是一個過程，用於記錄攻擊系統的潛在特徵（透過對手的攻擊向量），並得出一個數值，使其可以與其他攻擊情境或威脅向量的其他此類數值進行比較。針對任何給定的攻擊情境（安全漏洞和對手的組合）的風險評分，是藉由考慮攻擊者利用漏洞的特徵並在每個維度（即 D、R、E、A、 D），針對問題分別標註低、中、高的影響性。

每個維度的總分決定了整體風險值。例如，特定系統中的任意安全問題可能得分為 [D=3，R=1，E=1，A=3，D=2]，總風險值為 10。為了有意義，此風險值可以與針對該特定系統識別的其他風險進行比較；但是，嘗試將此值與其他系統的值進行比較的用處不大。

FAIR 風險量化方法（risk）。 在執行類型中，資訊風險因素分析（FAIR）（*https://oreil.ly/hkpLy*）方法越來越受歡迎，因為它提供了正確的粒度級別和更具體的資訊，以實現更有效的決策制定。FAIR 由 Open Group（*https://www.opengroup.org*）發布，並包含在 ISO/IEC 27005:2018（*https://oreil.ly/IZF9v*）中。

DREAD 是定性風險計算的一個例子。FAIR 是一種國際標準，用於定量風險建模和使用參與者實現威脅的機率（發生或威脅事件）與價值（實質或虛擬的成本）的測量，以理解威脅對資產的影響。使用這些定量數值向你的管理層和業務領導者描述系統中識別的風險對業務的財務影響，並將它們與防禦威脅事件的成本進行比較。適當的風險管理實踐（*https://oreil.ly/eVWyp*）建議防禦成本不應超過資產價值或資產的潛在損失。這個範例也稱為用 *50* 美元保護 *5* 美元的筆。

FAIR 是全面且準確的，但也很複雜，需要專業知識才能正確執行計算和模擬。這不會是你想在威脅建模審查會議上想做的事情，如果你有專家在旁協助的話，這也不是你想強加給你的安全主題專家們（SMEs）的事情。安全專家具有發現弱點和威脅的專業知識，而不是對財務影響估值進行建模。如果你打算採用 FAIR，聘請具有計算方法和金融建模技能的人，或者尋找一種工具來為你進行複雜的數學運算，是更好的做法。

核心屬性

三個核心屬性——機密性、完整性和可用性——構成所有其他安全事物的基礎。當有人想知道某事是否安全時，這些屬性以及它們是否完好決定了答案。這些屬性支持一個關鍵目標：可信度。此外，第四和第五個屬性（隱私性和安全性）與前三個屬性相關，但注重點略有不同。

機密性

一個系統唯有在它保證只有那些擁有適當權限的人，並且僅可根據他們該知道的內容以存取受保護之資料時，才具有**機密性**。沒有屏障以阻止未經授權訪問的系統，無法保證機密性[14]。

完整性

當數據或操作的真實性可以被驗證，並且數據或功能沒有被修改、或透過未經授權的活動而變得不真實時，**完整性**就存在[15]。

可用性

可用性意味著授權參與者能夠在需要或希望這樣做時，能夠訪問系統的功能和資料。在某些情況下，由於用戶與系統運營商之間的合約或協議（例如網站因定期維護而關閉），系統內的資料或操作可能會無法正常地提供；但如果系統是由於對手的惡意行為而無法使用時，則可用性將受到損害[16]。

隱私性

機密性是指對與他人共享的私人資訊被適當地控制存取，而**隱私性**是指不將該資訊暴露給未經授權的第三方的權利。很多時候，當人們談論機密性時，他們內心所期望的其實是隱私性，但儘管這些術語經常互換使用，但它們並不是同一個概念。你可能會爭辯說機密性是隱私性的先決條件。例如，如果一個系統不能保證它儲存的數據的機密性，那麼該系統就永遠不能向其用戶提供隱私性。

---

14 NIST 800-53 修訂版 4，「聯邦資訊系統和組織的安全和隱私控制」：B-5。
15 NIST 800-53 修訂版 4，「聯邦信息系統和組織的安全和隱私控制」：B-12。
16 NIST 800-160 第 1 卷，「系統安全工程：考慮值得信賴的安全系統工程中的多學科方法」：166。

安全性

安全性是「免於因財產或環境損壞而直接或間接導致人身傷害或健康受損的不可接受的風險。」[17] 自然地，為了滿足安全性的要求，它必須以可預測的方式運行。這意味著它必須至少保持完整性和可用性的安全屬性。

基本控制

以下的**控制**或功能行為和能力，支援高度安全的系統的開發。

識別

系統中的參與者必須被分配一個對系統有意義的唯一標識符。標識符還應該對將使用身分的個人或程序有意義（例如，身分驗證子系統；身分驗證將在下面描述）。

參與者是指系統中的任何事物（包括人類用戶、系統帳戶和執行程序），它們對系統及其功能有影響，或者希望獲得對系統資料的訪問權。為了支持許多安全目標，參與者必須先獲得身分，然後才能在該系統上運行。此身分必須帶有允許系統能夠明確識別參與者的資訊，或者換句話說，允許參與者向系統顯示其身分證明。在一些公開的系統中，還標識了未命名的參與者或用戶，這表示他們的具體身分並不重要，但仍然在系統中表示。

訪客在許多系統上作為共享帳戶是可接受的身分。系統內可能存在其他的共享帳戶，但應謹慎考慮使用共享帳戶，因為它們缺乏被追蹤和控制其使用人行為的能力。

身分驗證

具有身分的參與者需要向系統證明他們的身分。身分通常透過使用憑證（例如密碼或安全令牌）來證明。

想使用該系統的參與者都必須提供滿足條件的身分證明，以便目標系統可以驗證它正在與正確的參與者進行通訊。當你希望系統附加安全功能時，身分驗證是先決條件。

17 「功能的安全性和 IEC 61508」，國際電工委員會，*https://oreil.ly/SUC-E*。

資源授權

一旦參與者通過身分驗證——也就是說，他們提供的身分證明滿足驗證條件——參與者就可以被授予系統內的權限，以執行操作功能或存取資料。授權表示與環境內資源的存取關係，並且可能（但不一定）具有可傳遞的、雙向的或互惠的性質。

藉由身分驗證，系統能夠根據參與者提供的身分證明來指定該參與者的權限。例如，一旦用戶通過系統身分驗證並被允許在資料庫中執行操作，則僅根據參與者的權限授予對該資料庫的訪問權限。通常根據讀取、寫入或執行等原生操作授予其存取權限。管理系統內參與者行為的訪問控制方案包括以下內容：

強制存取控制（*Mandatory access control*）（*MAC*）

系統限制了對參與者的資源授權。

自主存取控制（*Discretionary access control*）（*DAC*）

參與者可以定義操作的權限。

基於角色的存取控制（*Role-based access control*）（*RBAC*）

參與者按照具有意義的「角色」來分組，並且角色定義權限分配。

基於能力的存取控制（*Capability-based access control*）

授權子系統透過令牌以分配權限，參與者必須請求（並被授予）才能執行操作。

訪客帳戶通常不須經過身分驗證（沒有身分可證明），但這些帳戶可能會明確地被授予最低級別能力的權限。

紀錄

當參與者（人類用戶或執行程序）執行系統操作時，例如執行功能或存取數據儲存，則應該把該事件儲存成一筆紀錄。這樣的設計支持可追溯性。當嘗試對系統進行除錯時，可追溯性很重要；當記錄的事件被認為與安全問題相關時，若是系統具備可追溯性的話，我們可將它應用到某些關鍵工作上，例如：入侵檢測和預防，以及在駭客已經入侵系統的情況下，進行證據採集跟數位鑑識工作。

稽核

日誌紀錄旨在反應使用者的操作或是執行程序的活動；而稽核紀錄是指在格式和內容上的明確定義、按照事件發生時間的排序，並且防止透過任何形式的竄改。稽核提供「及時回顧」並了解事件發生的順序、誰執行了哪些操作以及何時執行，此外，透過稽核紀錄亦可以確定該操作是否有被正確地授權執行，以及執行結果是否如同預期。對於安全操作和安全事件應變活動至關重要。

安全系統的基本設計模式

在設計系統時，你應該牢記某些安全原則和方法。雖然並非所有原則都適用於你的系統，但重要的是你要將它們納入考量，以確保在適用的時候，你可以應用它們。

在 1975 年，Jerome Saltzer 和 Michael Schroeder 發表了一篇開創性的文章「電腦系統中的資訊保護」[18]。儘管自發布以來發生了很大變化，但其基本原則仍然適用。我們在本書中討論的一些基礎知識是基於 Saltze 和 Schroeder 制定的原則，雖然其中一些原則與最初預期的不同，但我們也想向你展示它們可透過不同的方式而變得相關。

零信任

滿足系統設計和安全合規性的一種常見方法是「信任但也要驗證」或**零信任**，即假設操作的最佳結果（例如設備加入網絡或客戶端調用 API），然後對其信任關係進行第二次驗證。在零信任環境中，系統忽略（或從不建立）任何先前的信任關係，而是在決定建立信任關係（這可能是臨時的）之前驗證所有內容 [19]。

零信任也稱為**完整中介**，這個概念在紙上看起來非常簡單：確保每次訪問物件時都檢查訪問操作的權限，並且事先檢查該訪問操作的權限。換句話說，你必須在每次請求訪問時，驗證參與者是否具有訪問物件的適當權限。

John Kindervag 於 2010 年提出了零信任的概念 [20]，並普遍應用於網絡邊界架構的討論。作者決定將該概念導入安全原則，並相信無須修改它也適用於在應用程式級別需要發生的安全決策。

18 J. Saltzer 和 M. Schroeder，「電腦系統中的資訊保護」，維吉尼亞大學電腦科學系，*https://oreil.ly/MSJim*。

19 「零信任架構」，國家網絡安全卓越中心，*https://oreil.ly/P4EJs*。

20 專家威脅建模實踐者和多產作家 Brook S. E. Schoenfield 提醒我們，「觀察相互不信任」的想法已經由微軟在 2003-04 年提出，但不幸的是我們無法找到參考文獻。我們相信 Brook！

契約式設計

契約式設計與零信任相關，並假設每當客戶端調用伺服器資源時，來自該客戶端的輸入將具有某種固定格式，並且不會偏離該契約。

它類似於鎖和鑰匙的關係典範。你的鎖只接受正確的鑰匙，不信任任何其他鑰匙。在「保護混亂的網絡」中[21]，Christoph Kern 解釋了 Google 如何藉由設計，來讓函式庫與其內在安全的 API 調用，以顯著減少應用程式中的跨站點腳本（XSS）缺陷的數量。契約式設計透過確保每次的互動都遵循固定協議來解決零信任問題。

最小權限

最小權限原則意味著在成功執行操作的前提下，以最嚴格的權限限制來執行該操作。換句話說，在所有層級和所有機制中，確保你的設計將操作員限制在完成單個操作所需的最低存取等級，僅此而已。

如果不遵循最小權限，應用程式中的漏洞可能會提供對底層作業系統的完全訪問權限，並且帶來特權用戶可以不受限制地訪問你的系統和資產的所有後果。此原則適用於維護授權環境的每個系統（例如，作業系統、應用程式、資料庫等）。

縱深防禦

縱深防禦使用多方面和分層的方法來保護系統及其資產。

在考慮防禦你的系統時，請先考慮你要保護的東西——資產，以及攻擊者可能會如何嘗試訪問它們。考慮你可能會採取哪些控制措施來限制或阻止對手訪問（但同時也允許適當授權的參與者訪問）。你可能會考慮平行或重疊的控制層來減慢攻擊者的速度；或者，你可能會考慮實施混淆或主動阻止對手的功能。

應用於電腦系統的縱深防禦範例包括：

- 使用鎖、警衛、攝影機和實體隔離以保護特定工作站。
- 在系統和公開網絡之間引入堡壘主機（或防火牆），然後在系統本身中引入端點代理。
- 針對執行身分驗證的系統，可使用多因素身分驗證功能來加以強化，並且在多次的輸入失敗後，以指數級延長它的重試等待時間。
- 使用故意限制優先級別的身分驗證功能以部署誘捕系統和假資料庫層。

21 Christoph Kern，「保護混亂的網絡」，*acmqueue*，2014 年 8 月，*https://oreil.ly/ZHVrI*。

任何充當「路障」並使攻擊在複雜性、金錢或時間方面成本更高的其他因素，都是你在深度防禦中成功設置的關卡。這種評估縱深防禦措施的方式與風險管理有關——縱深防禦並不總是意味著不惜一切代價進行防禦。在決定花費多少來保護資產與察覺到這些資產的價值之間會取得平衡，這屬於風險管理的範圍。

保持簡單

保持簡單就是避免對系統進行過度設計。隨著複雜性的增加，不穩定的可能性也會增加，包括維護方面的挑戰和系統操作的其他方面，以及安全控制無效的可能性[22]。

考量輸入驗證的情況時，因為我們往往習慣假設上游資料來源將始終提供有效且安全的資料，並且為了簡化工作，我們可能選擇省略驗證資料步驟。但這是一個錯誤的行為，對於外部資料，我們不僅需要執行自己的輸入驗證，還必須注意避免過度簡化，例如丟棄或忽略重要細節。有關這些期望的更廣泛討論，請參閱 Brook S. E. Schoenfield 談論安全契約（security contracts）的著作[23]。總而言之，與過度設計相比，乾淨、簡單的設計通常會隨著時間的推移提供安全優勢，因此應該優先考慮。

沒有祕訣

不要依賴若有似無的安全措施來作為你確保系統安全的手段。你的系統設計應該要能夠抵禦攻擊，即使其實作的每一個細節都並已被人知曉且公開發布。請注意，這並不意味著你*需要*發布它[24]，並且實施操作所依據的數據*必須*受到保護——這只是意味著你應該假設每個細節都是已知的，而不是依賴其中的任何一個來作為一種保密方式以保護你的資產。如果你打算保護資產，請使用正確的控制方式——加密或雜湊；不要期望參與者無法識別或發現你的祕密！

權限分離

也稱為*職責分離*，此原則意味著隔離對系統內功能或資料的訪問，因此一個參與者不擁有所有權限。相關概念包括*執行者 / 檢查者*（*maker/checker*），其中一個用戶（或執行程序）可能會請求執行某些操作並設置相應的參數，但需要另一個用戶或執行程序授權該交易才能繼續進行。這意味著單個實體無法不受阻礙或沒有機會在無監督的情況下進行惡意活動，並提高了發生惡意行為的門檻。

22 Eric Bonabeau，「理解和管理複雜性風險」，**麻省理工學院斯隆管理評論**，2007 年 7 月，*https://oreil.ly/CfHAc*。

23 Brook S. E. Schoenfield，**網絡安全架構師的祕密**（佛羅里達州博卡拉頓：CRC 出版社，2019 年）。

24 當然，使用 copyleft 授權和開源專案時除外。

考慮人為因素

人類用戶一直被視為系統中最薄弱的一環[25]，因此**心理可接受性**的概念必須是基本的設計約束。對強大的安全措施感到沮喪的用戶，將不可避免地會試圖找到繞過它們的方法。

在開發安全系統時，決定用戶可接受的安全程度是至關重要的。我們有雙因素身分驗證而不是十六因素身分驗證是有原因的。在用戶和系統之間放置太多障礙，就會發生以下情況：

- 用戶停止使用該系統。
- 用戶找到繞過安全措施的解決方法。
- 有決策權的人不再支持安全決策，因為它會損害生產力。

有效的日誌紀錄

安全不僅僅只是防止壞事發生，而且是要意識到發生了什麼事，並盡可能地意識到發生了什麼。至於查看到底發生什麼事情的能力則來自於能夠**有效地**記錄事件。

是什麼構成有效的日誌紀錄？從安全的角度來看，安全分析師需要能夠回答三個問題：

- 誰執行了特定操作導致事件被記錄？
- 何時執行操作或何時記錄該事件？
- 執行程序或用戶訪問了哪些功能或資料？

與完整性密切相關的**不可否認性**意味著系統會完整地保留使用者或執行程序的任何操作、操作的過程和其結果，並確保這些資訊不可被竄改，將其視為一種數位資產來維護。有了不可否認性，使用者或執行程序就不可能聲稱他們沒有執行特定的操作。

25 「人類是資訊安全鏈中最薄弱的環節」，Kratikal Tech Pvt Ltd，2018 年 2 月，*https://oreil.ly/INf8d*。

知道記錄什麼以及如何保護它很重要，知道不記錄什麼也很重要。特別是：

- 個人識別資訊（PII）不應以純文字形式記錄，以保護用戶資料的隱私。
- 若 API 的一部分或函式的調用，有涵蓋敏感內容，則不該記錄它。
- 同樣地，不應該記錄加密內容的明文版本。
- 不應記錄加密的密鑰，例如系統密碼或用於解密資料的密鑰。

使用常識在此處很重要，但請注意，防止將這些日誌整合到程式碼中是與開發（主要是除錯）需求的持續鬥爭。重要的是要讓開發團隊清楚知道，在程式碼中設置開關以控制是否應記錄敏感內容以進行除錯，是不可接受的行為。可部署的、已經處於生產就緒狀態的程式碼，不應包含記錄敏感資訊的功能。

失效安全

當系統遇到錯誤情況時，此原則意味著不要向潛在對手透露太多資訊（例如在日誌紀錄中的資訊或給用戶的錯誤訊息），也不要簡單地授予錯誤地訪問權限，例如當身分驗證子系統出現故障時。

但重要的是要了解**故障安全**（*fail secure*）和**失效安全**（*fail safe*）之間存在顯著差異。在保持**安全性**的同時發生失敗，可能與**安全地失敗**（*failing securely*）的條件相矛盾，並且需要在系統設計中進行協調。當然，在特定的情況下哪一個合適，取決於具體情況。歸根結柢，安全失敗意味著如果系統中的元件或邏輯出現問題，結果仍然是安全的。

要內建，而不是用螺絲栓上

保全性、隱私性和安全性應該是系統的基本屬性，任何安全功能都應該從一開始就包含在系統中[26]。

所謂的安全，如隱私性或安全性，不應等待系統已經被完成後才來思考這個議題或完全、主要依賴於存在的外部系統元件。這種模式的一個很好的例子是安全通訊的實現；系統必須原生支持這一點——即，應該被設計為支持傳輸層安全（TLS）或以類似的方法來保護傳輸中資料的機密性。

26 某些安全特性或功能可能會對可用性產生負面影響，因此如果用戶可以在部署系統時啟用某些安全功能，則預設禁用某些安全功能可能是可以接受的。

依靠用戶安裝專門的硬體系統來實現端到端通訊安全意味著如果用戶*不這樣做*，則通訊將不受保護，並且可能被惡意行為者在中途攔截存取。當涉及到系統安全時，不要假設使用者的安全措施會做得比你還要更多、更齊全。

總結

閱讀本導論後，你應該具備充分利用後續章節所需的所有基礎知識：威脅建模的基礎知識及其如何融入系統開發生命週期，以及所有最重要的安全概念、術語，以及了解系統安全性的基本原則。當你執行威脅建模時，你將在系統設計中尋找這些安全原則，以確保你的系統得到適當保護，免受入侵或損害。

在第 1 章中，我們討論了如何構建系統設計的抽象表示式以識別安全或隱私問題。在後面的章節中，我們將介紹特定的威脅建模方法，這些方法建立在本導論中的概念和第 1 章中的建模技術之上，以使用威脅建模活動執行完整的安全威脅評估。

歡迎登上安全列車！

第一章

建模系統

所有的模型都是錯誤的，但其中有些是可用的。

——G. E. P. Box,《科學和統計》, 美國統計協會期刊 , 71 (356), 791–799, doi:10.1080/01621459.1976.10480949.

系統建模（抽象化系統或者創建對系統的另一種表示式）是威脅建模過程中重要的第一步。你從上述抽象的系統模型中蒐集到的資訊，將是威脅建模的分析活動中重要的資料源。

在本章中，我們將介紹不同類型的系統模型，如何選擇對你最有利的系統模型，以及創建有效系統模型的準則。熟悉系統模型構建能力將為你的威脅模型帶來更精確、有效的分析和威脅識別效果。

在本章節中，我們使用模型或建模來說明系統抽象或者表示一個系統以及其組件和互動。

我們為何建立系統模型

想像一群本篤會修士正看著聖加侖修道院教堂並來回地比對著手上的稿紙，其中一人說道「這本身不是一個建築計畫。它更像是對理想的早期中世紀修道院社區的『二維冥想』」[1] 這就是與聖加侖計畫相關的目的，目前被認為是保留建築群的 2D 可視化和平面圖的最古老紀錄。而教堂實際上看起來與建築計畫相當不同。

1 「聖加侖計畫」，賴歇瑙和聖加侖的加洛林文化，*https://oreil.ly/-NoHD*。

人們創建模型以便提前計畫或決定可能需要哪些資源、需要建立哪些框架、哪些山丘需要被移動、哪些山谷需要被填充，以及獨立的部分組合在一起後將如何相互作用。相比著手建造實體，建立模型比較低成本且容易做修改，可以改變這些部件相互作用的方式而不需要移動牆壁、框架、螺絲、引擎、地板、飛機機翼、防火牆、伺服器、函式和程式碼，僅在示意圖上即可看見設計變更後所呈現的視覺效果。

我們也認知到，雖然模型和最終結果可能不同，但擁有一個模型始終有助於理解與建造流程相關的細微差別和細節製作。出於安全考量，我們對軟體和硬體系統進行建模，因為建模可讓我們使系統能夠承受理論上的壓力，在系統實作之前了解壓力將如何影響系統，並從整體上查看系統，以便我們可以根據需求而專注於漏洞細節。

在本章的其餘部分，我們將向你展示可以採取的威脅模型的各種視覺形式並解釋如何蒐集必要的資訊來支持系統分析。在你建構威脅模型後，要採取的哪些具體行動將取決於你選擇遵循的方法；我們將在接下來的幾章中討論這些方法。

系統建模類型

如你所知，系統可能很複雜，有許多移動的子部分和交互行為發生在元件之間。人們並非生來就具備豐富的安全知識（儘管我們知道一些人可能已經具備），大多數的系統設計人員和開發人員並不熟悉系統功能會如何被濫用或誤用。因此，對於那些希望系統分析既實用又有效的人，他們必須降低系統複雜性和需要被分析的資料量，同時保持適量的資訊。

這就是系統建模或抽象化去描述系統的顯著部分和屬性可以幫助降低系統複雜性的地方。對要分析的系統進行良好的抽象化將為你提供足夠的正確資訊，使你了解安全情況和設計決策。

幾個世紀以來，模型一直被用來表達想法或向他人傳遞知識。例如古代中國的陵墓建造者會創造建築模型[2]，而自古埃及人時代以來，建築師們經常創建比例模型來展示設計的可行性和設計想法[3]。

建立一個系統模型──係指對要做威脅分析的系統建立抽象化或表示式──可以使用一種或多種模型類型[4]：

2 A. E. Dien，**六朝文明**（紐哈芬：耶魯大學出版社，2007），214。

3 A. Smith，**作為機器的建築模型**（伯靈頓，麻薩諸塞州：建築出版社，2004）。

4 還有其他生成適合分析的圖形模型方法，例如使用 UML 模型的其他類型或系統建模語言（SysML），以及可能對執行有效率分析的其他模型種類，例如控制流程圖和狀態機。但這些方法超出了本書的範圍。

資料流向圖

資料流向圖（DFD）描述了系統中組件之間的資料流，以及每個組件和流的屬性。DFD 是威脅建模中最常用的系統模型形式，並且受到許多繪圖套件的原生支援；除此之外，DFD 中的圖案也很容易讓使用者手動繪製。

循序圖

統一建模語言（UML）中的活動圖，以有序的方式描述系統組件的交互行為。循序圖可以幫助識別針對系統的威脅，因為它們允許設計人員隨著時間的推移了解系統的狀態。這使你可以了解系統的屬性，以及有關它們的任何假設或期望在系統運行過程中如何變化。

過程流程圖

過程流程圖藉由系統中組件間的行為來強調操作流程。

攻擊樹

有邪惡意圖的駭客會執行一連串行動以達成他們的目標，而攻擊樹就是用以描繪這些行動中每個步驟的方法。

魚骨圖

也稱為因果圖或要因分析圖，它們顯示了結果與使這種影響發生的根本原因之間的關係。

你可以單獨或一起使用這些系統建模技術來有效地查看安全態勢的變化，使了解攻擊者的工作變得更容易。這對於幫助設計人員藉由更改他們的設計或系統假設來識別和消除潛在問題非常重要。為此，我們需要替不同的目標挑選使用最適合的模型類型。例如，使用資料流向圖來描述物件之間的*關係*，和使用循序圖來描述操作間的*順序*。我們將詳細探討每一種方法，以便你了解每一項的好處。

資料流向圖

由於資料流向圖是用符號來表示系統複雜性，所以當專家們為了執行安全分析而替系統進行建模時，資料流向圖被視為是視覺化描述系統的有效方法。

在 1950 年代常見的做法是透過功能流程圖（*https://oreil.ly/A8fms*）建立模型來理解系統的組件以及它們之間的關係。後來，在 1970 年代，結構化分析和設計技術（*https://oreil.ly/Umez5*）引入了資料流向圖[5]的概念，資料流向圖便成為執行威脅分析時描述系統的標準方式。

> ### 資料流向圖有等級之分
>
> 資料流向圖通常由多個圖形所組成，每個圖形表示一個階層或是一種抽象。資料流向圖的頂層通常是指*框架層*或是*第 0 層*，或是簡稱為 *L0*，以及包含從抽象的理解角度來看系統及其與外部實體（如遠端系統或使用者）的交互行為。接續層（稱為 *L1*、*L2* 等）將深入了解各個系統元件和交互行為的更多細節，直到達到預期的詳細程度，或是無法更進一步分解系統元件。

雖然沒有正式的標準來定義建模系統資料流時使用的表示圖形，但是許多繪圖工具都*約定成俗*地使用類似的表示來關聯圖形及其含義和用途。

在建構資料流向圖時，我們發現在資料流旁強調特定的架構很有效果。當你試著分析模型的安全問題並做出準確的決策，或是使用模型來指導專案新人時，這些額外的資訊可能很有用。我們分享三個非標準的*擴展*圖案供你參考；它們可以充當捷徑，可以使你的模型更易於創建和理解。

元素（如圖 1-1 所示）是一種標準圖案，表示所考慮的系統中的過程或操作單元。無論如何，你都要標記你的元素，以便將來可以輕鬆引用它。元素是模型當中其他元件的資料流（稍後描述）來源和目的地。如果要識別人類參與者，使用參與者符號（請參閱圖 1-4 中的範例）。

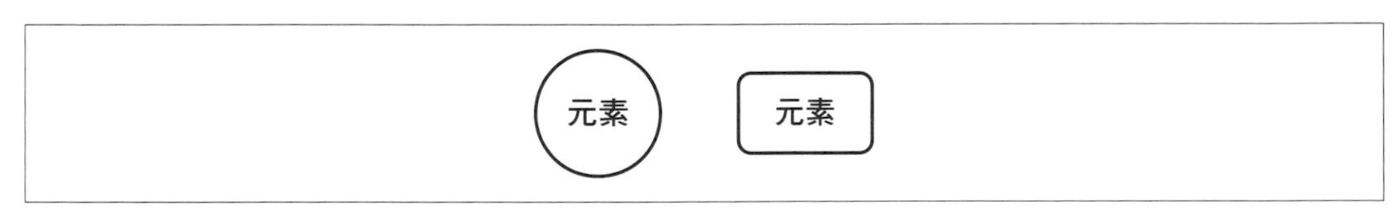

圖 1-1　繪製資料流圖的元素符號

5　「資料流向圖（DFDs）：敏捷介紹，」敏捷建模網站，*https://oreil.ly/h7Uls*。

你還應該使用其基本屬性和元數據的描述來註釋每個物件。你可以將註釋放在圖表本身上，也可以放在單獨的文檔中，然後使用標籤將註釋與物件相關聯。

以下列表是你可能希望在模型物件的註釋中捕獲的潛在資訊：

這個關於元素的潛在元數據列表，作為模型的註釋，並不全面。關於系統元素中你所需要了解的資訊取決於你最終決定使用的方法（參見第 3 章到第 5 章），以及你試圖識別的威脅。此列表提供了你可能會遇到的一些選項。

- 物件名稱。如果它是可執行文件，那麼在硬碟上構建或安裝時會調用什麼系統資源？
- 在你的組織內誰擁有它（通常是開發團隊）？
- 如果這是一個程序，它以什麼權限等級在執行（例如，始終是 root、setuid'd 或某些非特權帳號）？
- 如果這是一個二進制檔案，是否需要對其進行數位簽章，如果是，透過什麼方法、憑證或金鑰？
- 元素使用什麼程式語言開發？
- 對於編譯型或解釋型程式碼，正在使用什麼執行環境或位元組碼處理器？

人們經常忽略他們選擇程式語言所帶來的影響。例如，C 和 C++ 比解釋語言更容易出現基於記憶體的錯誤，以及程式腳本比（可能被混淆過的）二進制檔案更容易被進行逆向工程。這些是你在系統設計期間應該了解的重要特徵，特別是如果你在進行威脅建模時識別它們，可以避免常見和嚴重的安全問題。如果你並沒有在系統開發的前期階段將此資訊納入威脅模型之中（因為正如你現在可能知道應該儘早且經常地進行威脅建模），那麼這正是為什麼威脅模型應該隨著系統發展而隨時更新的完美例子[6]。

6 對於該主題的廣泛討論，參考 Brook S.E. Schoenfield，**保護系統安全：採用安全性架構與威脅模型**（博拉卡頓，佛羅里達州，CRC 出版社，2015）

當你與開發團隊、系統利益相關者進行討論時，可以使用元資料提供的背景資訊以幫助評估更進一步的機會，有鑑於此，你可能需要考慮：

- 試想一下，一個單元是在生產就緒環境中還是在開發階段或者只偶爾存在？例如，該單元是否僅存在於生產系統中而不存在於開發模式中？這可能意味著該元素所代表的程序在某些環境中可能無法執行或初始化。或者它可能不存在，例如，因為在設置某些編譯旗標時它才能被編譯出來。測試用的模組或僅適用於暫存環境的測試條件是一個很好的例子，如果該模組通過特定的接口或 API 運行，而這些接口或 API 在暫存環境中被打開以方便測試，但在生產環境中卻還保持打開，即使測試模塊已被刪除，那麼這仍是一個需要解決的弱點。在威脅模型中指出這一點很重要。
- 是否存在有關其預期執行流程的資訊，是否可以通過狀態機或循序圖來描述？如同我們將在本章後面討論的那樣，循序圖可以幫助識別弱點。
- 或者它是否使用或啟用了來自編譯時期、鏈結時期或安裝期間[7]的特定旗標，或者它是否被不同於系統預設值的 SELinux 策略所覆蓋？如前所述，當你構建第一個威脅模型時，你可能不知道這一點，但隨著在專案過程中保持威脅模型的更新，它將為你提供了另一個增加價值的機會。

使用元素符號且將元素分為具有代表性的系統組件來表示一個具有隱含工作的處理單元，例如可執行檔或是程序（取決於抽象程度），不太可能幫助人們理解該處理單元是如何操作，以及針對哪些操作可能容易受到威脅。這可能需要一些練習——有時你可能需要描述處理單元的子元素，以更好地理解處理單元包含的交互行為。要描述子元素，請使用容器符號。

如圖 1-2 所示，**容器**或是包含元素，係指你所評估的系統單元中，有內含其他元素或流程的另一種標準圖形。這個圖形通常用於模型的框架層（參見第 4 頁的「資料流向圖有等級之分」）以強調系統中的主要單元。當你創建容器元素符號時，同時你也發出信號表示需要了解容器所含的元素，以及所有元素間所有交互行為和假設的可能組合，這也是減少模型繪製時的忙碌度的好方法。在任何抽象化層級中，容器符號皆可以是資料的來源或目的地，也可以是其他模型實體的輸入或輸出。

圖 1-2　用於繪製資料流向圖的容器符號

7　給 ASLR、支援 DEP 或堆保護機制的一般參數。

與先前描述的元素符號一樣，你應該為圖中的容器物件指定一個標籤，並在其註釋中包含該物件的元數據。元數據應該（至少）包括先前描述的元素符號中的任何元數據項目，以及簡單摘要其中包含的內容（即可能找到主要的子系統或是子程序）。

與表示所考慮系統內的單元的元素符號不同，圖 1-3 所示的**外部實體**圖形表示一個外部的程序或系統涉及到所考慮系統的操作或功能，但又不包含在你的分析範圍內。外部實體是標準圖形，至少外部實體替遠端程序或是其他機制提供一個進入你所考慮系統的資料流來源。外部實體的範例通常包含訪問網頁伺服器或類似服務的網路瀏覽器，但也有可能包括其他類型的元件或處理單元。

外部實體

圖 1-3 用於繪製資料流向圖的外部實體符號

使用者（見圖 1-4）是一個連接著系統的主要使用者與系統所提供的接口（直接或通過中介外部實體，如瀏覽器）的標準圖形，通常用於繪製框架層。

圖 1-4 用於繪製資料流向圖中的使用者符號

資料儲存符號，如圖 1-5 所示，是一個標準圖形指保存大量數據的位置的功能單元。例如資料庫（但不一定是資料庫伺服器）。你還可以使用資料儲存符號來表示包含少量的安全相關數據的文件或是緩衝區，例如內含網絡伺服器 TLS 憑證[8]私鑰的文件，或是存著你應用程式日誌檔的物件儲存服務（如 Amazon Simple Storage Service），資料儲存符號也可以表示訊息渠道或是共享記憶體。

8 就像 Apache Tomcat 使用這種機制一樣。

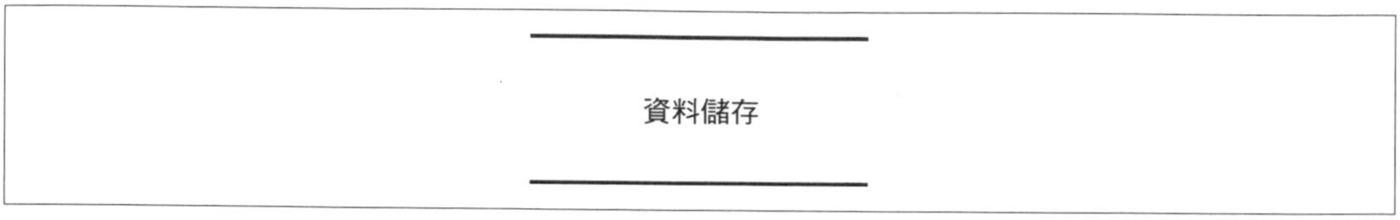

資料儲存

圖 1-5　用於繪製資料流向圖中的資料儲存符號

資料儲存應被標記並具有元數據如下：

儲存類型

這是文件、S3 儲存桶、服務網格或是共享記憶體？

持有資料的類型及其分類

從模組發送出去或是接收到的是結構化資料或非結構化資料？是否採用任何特定格式，例如 XML 或 JSON？

資料的敏感性或價值

被託管的資料是否屬於個人隱私資料、安全相關資料，或其他敏感訊息？

對資料儲存單元本身的保護

例如，原生的儲存機制是否提供磁碟等級加密？

複製

資料是否複製到不同的資料儲存單位中？

備份

是否將資料複製到另一個地方以確保安全性？但可能會降低保護性和存取控制？

如果你正在對包含資料庫伺服器（例如 MySQL 或 MongoDB）的系統進行建模，則在模型當中有兩種呈現系統的選擇：（a）使用資料儲存來表示 DBMS 程序和資料儲存位置，或（b）一個元素符號表示 DBMS 和另一個連接資料儲存符號表示實際資料儲存單元。

大多數的人都會選擇選項（a），但是選項（b）對於那些資料可能存在於共享資料渠道、或暫存於雲端運算中的節點和嵌入式系統做威脅分析十分有用，總而言之，每個選項都有好處和妥協。

如果一個元素僅包含自己且沒有與其他外部實體相連接，那我們可以稱它是系統內一個安全的、但可能非常沒用的功能（希望它不是你系統內唯一的功能！）。要稱一個實體是有**價值**的話，那它至少要提供資料或具備創造變化性的功能。大多數的實體還以某種方式與外部單元進行溝通。在系統模型中，使用資料流來描述實體在何處以及它們之間如何進行互動，而資料流實際上是一組符號，用以表示系統元件間如何互動的多種方式。

圖 1-6 展示了基本線條符號，表示系統中兩個元素之間的連接。它不會也不能傳達任何附加資訊，因此當你在做系統建模練習時，遇到需元素連接且沒有額外資訊時，此符號是一個很好的選擇。

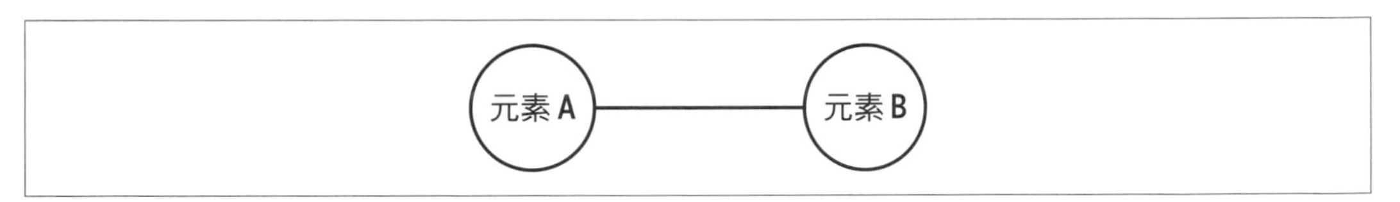

圖 1-6　無方向性資料流的線條符號

圖 1-7 顯示了一端帶有箭頭的線條，用以表示資料或動作的單向流。

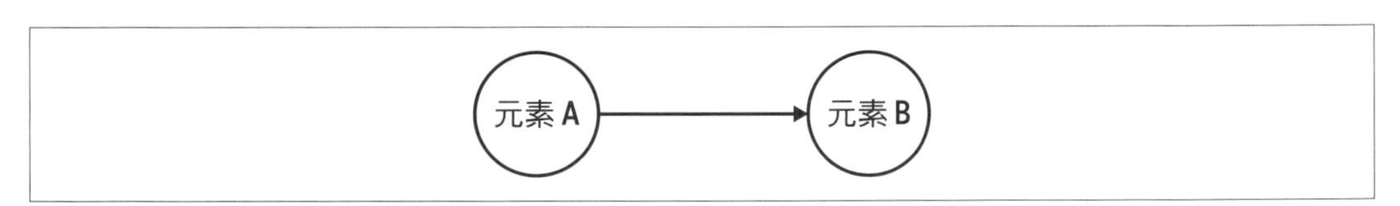

圖 1-7　有方向性資料流的箭頭符號

在圖 1-8 中，圖片左側顯示了一條兩端帶有箭頭的線，表示雙向通訊流；而圖片的右側顯示了雙向通訊流的替代符號。兩者都是可以接受的表示式，儘管右邊的版本較傳統且更容易在複雜的圖表中容易辨識（但也有可能導致圖表更為複雜）。

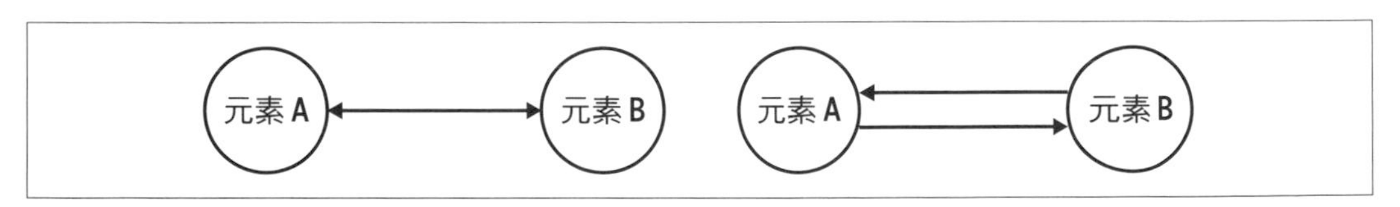

圖 1-8　雙向資料流的雙向箭頭符號

圖 1-6、圖 1-7 和圖 1-8 是構建資料流向圖的標準圖形。

請記住，我們提出的是約定俗成的慣例，而非規則。這些圖形以及它們所代表的內容，或它們在圖表中的使用方式來自於集體的實踐，而不是某個官方標準文件[9]。在我們的威脅建模實踐中，有時候，我們發現擴展傳統的圖形和元資料可以更好地滿足我們的需求。你將在本章和本書其他地方看見一些這樣的擴展應用。但是一旦你熟悉活動的目標和預期結果，你應該可以輕鬆地對圖形的使用進行合適的修改。客製化可以使活動、過程經驗和藉由這個活動獲得的資訊，對你及參與團隊成員更有價值。

圖 1-9 顯示了我們建議的非標準擴展圖形，這個圖形超出了常見的 DFD 圖形範圍。這個圖形由一個單向箭頭線條構成，指示其通訊來源，我們也圈出強調它有一個記號，在主流圖形套件裡，該記號用於電子印刷工程時標示訊號傳輸流。

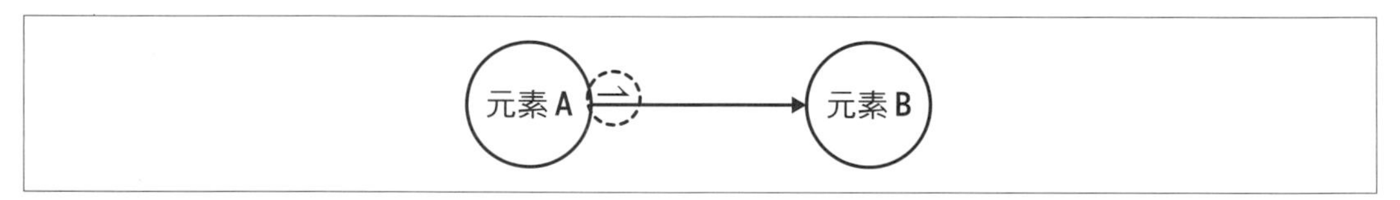

圖 1-9　非必須的發起者記號

資料流應該要有標籤以提供參照，並且你應該提供以下的關鍵元數據：

溝通管道的類型或性質

這是基於網絡的通訊流，還是本地端的程序間通訊（IPC）連接？

使用的協定

例如，資料是透過 HTTP 還是 HTTPS 傳輸的？如果它使用 HTTPS，那是依賴客戶端證書來驗證端點還是雙向 TLS？數據本身是否以某種獨立於傳輸通道的方式受到保護（即，透過加密或是數位簽章）？

傳輸的資料內容

透過通訊管道發送什麼類型的資料？它的敏感性和分類是什麼？

操作順序（如果對你的目標適用）

如果模型中的資料流數量不多，或者元件彼此間的交互行為並不複雜，那或許可以將每條資料流的註釋內加入操作順序或標示資料流的順序，以取代另外單獨創建循序圖。

9 Adam Shostack,「DFD3,」GitHub, *https://oreil.ly/OMVKu*。

在資料流中請小心展示關於身分驗證或其他安全控制機制。端點（不論是伺服器端或客戶端）都需要負責「提供」獨立於它們之間任何潛在資料流的訪問控制。在建模活動時，請考慮使用本章節後述的介面擴展圖形作為「通訊埠」來簡化繪圖，並促進更有效率的威脅分析。

在模型中使用資料流時，請牢記以下注意事項。

首先，在你的分析和圖表內使用箭頭符號指示資料流的方向。如果你有一條從元素 A 開始並到達元素 B 以箭頭終止的線（如圖 1-7 所示），則表明從 A 到 B 存在有意義的通訊。不管對你的應用程式或者是駭客，不只單個封包、訊框、確認訊息，這都是有價值的資料交換過程。同樣的情境，從元素 B 開始並到達元素 A 以箭頭結束的線，則表示通訊從 B 到 A。

再者，你也能從下列兩個基本做法中擇一來表示模型中的雙向通訊流：使用單線，兩端各有一個箭頭，如圖 1-8（左）所示；或是使用兩條線，每條線有各自的方向，如圖 1-8（右）所示。雖然兩條線的版本較傳統，但是兩者方法在功能上是相同的。此外，選擇兩條線方法的另一個好處是，每個通訊流可能具有不同的屬性，因此比起使用單線的話，你可以在通訊流加上更清晰的註釋。總而言之，你可以選擇使用任何一種方法，但要在整個模型中保持一致。

最後，模型中資料流的目的是*基於分析需求*描述通訊的主要方向。如果一個通訊路徑代表任何基於傳輸控制協定（TCP）或使用者資料包協定（UDP），則模型表示封包和訊框沿著渠道在來源端與目的端間來回傳遞。但這種詳細說明程度通常對於識別威脅並不重要。

相反地，重要的是描述應用程式資料或控制訊息在已建立的通訊管道上是如何傳遞；這就是資料流要傳達的內容。然而，對於分析而言，了解究竟是哪一個元素*啟動*通訊才是重點。圖 1-9 展示一個可以用來標記資料流發起者的記號。

以下情境強調了這個記號在對系統進行建模和分析系統的有用性。

如圖 1-10 所示，元素 A 和元素 B 透過單向資料流符號連接，其中資料從 A 流向 B。

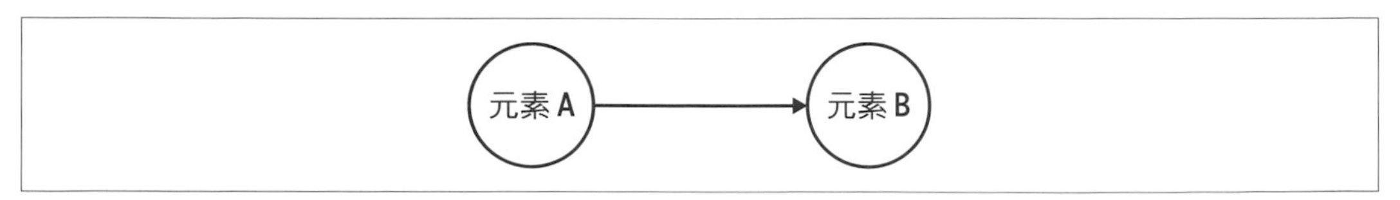

圖 1-10　範例元素 A 和 B

依據上圖，元素 A 被註釋為**服務提供端** A，而元素 B 是**客戶端記錄器**。你可能會得出結論為 B 作為資料的接收端，發起了這個通訊流。或者，你也可能得出另一個結論是 A 啟動了這個資料流。一切取決於你的分析基於哪個端點的標籤資訊。無論是哪種情況，你都可能是正確的，因為模型是取決於從何種角度來解釋的。

現在，如果模型包含一個額外的起始記號附加到 A 元素端點上是什麼情況？這清楚地表明是元素 A 發起了通訊流並將資料推送到 B。這可能發生在你正在建模的時候；例如，你正在建模某個微服務，它將日誌訊息推送到客戶端記錄器。這是一種常見的架構模式，如圖 1-11 所示。

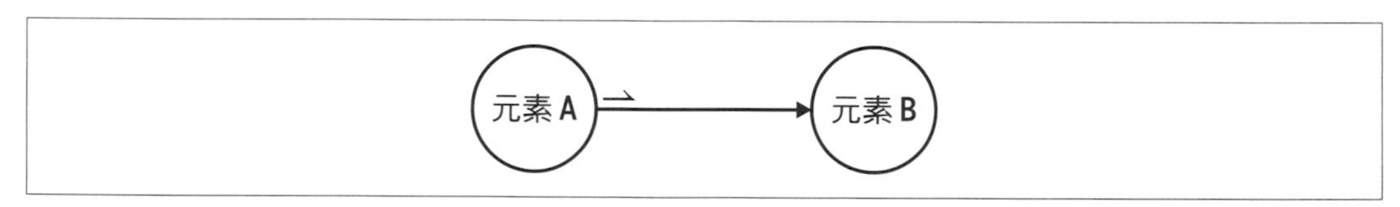

圖 1-11　元素 A 和 B，在元素 A 處帶有起始記號

然而，如果將起始記號放在 B 上，你將對該模型得出不同的潛在威脅結論。這種設計反映另一種模式，那就是客戶端記錄器或許放置在防火牆之後，且需要連出去跟外部的微服務溝通（參考圖 1-12）。

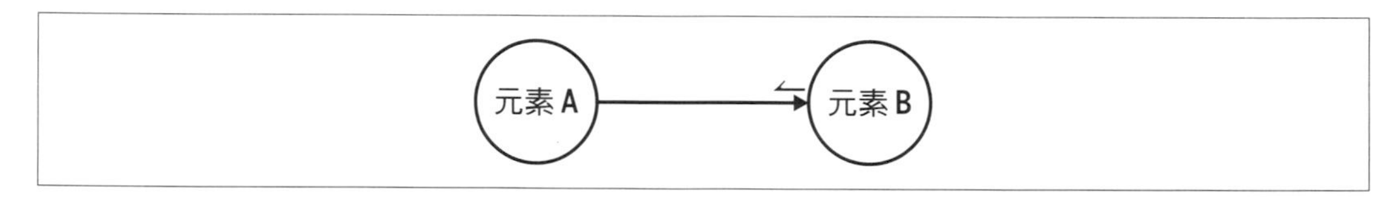

圖 1-12　元素 A 和 B，在元素 B 處帶有起始記號

圖 1-13 所示的符號傳統上用於描繪**信任邊界**：線後面（線的曲度決定涵蓋的範圍）的任何元素彼此相互信任。基本上，虛線標示所有實體在同個信任邊界裡。例如，你可能信任在防火牆或 VPN 後面執行的所有程序。但這並不表示資訊流會自動未經身分認證而傳遞，相反地，信任邊界意味著在裡面執行的物件和實體，在相同的信任級別上運行（例如，環 0）。

當你對系統進行建模時，若希望假設系統元件之間有著對稱的信任，那應該使用此符號。然而在具有不對稱信任關係的系統中（即，元件 A 信任元件 B，但元件 B 不信任元件 A），設置信任邊界或許不太適合，你應該在資料流上加註這個信任關係。

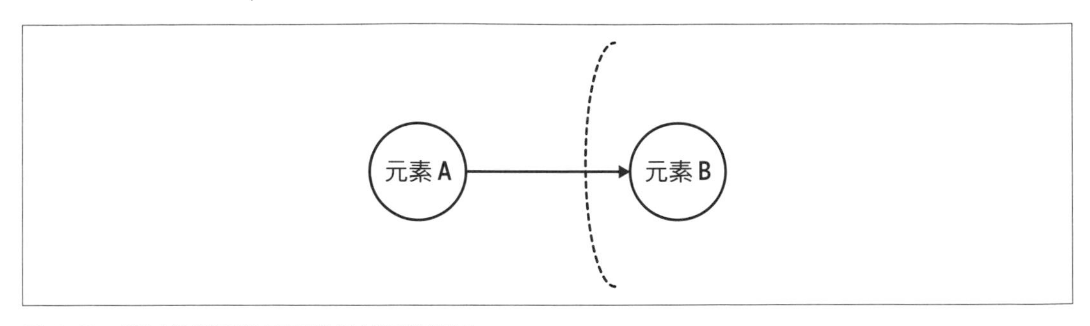

圖 1-13　用以繪製資料流圖的信任邊界符號

如圖 1-14 所示，相同的符號有時也用在標明特定資料流的安全保護方案，如說明某個資料流藉著使用 HTTPS 而有機密性及完整性。如果改為使用信任邊界符號的其他替代方案，特別值得注意的是，當模型具有大量元件和資料流時，使用此符號和註釋可能會導致出現大量混亂，因此較佳的替代方法是為資料流本身加上註釋。

一個信任邊界的必要元數據，在傳統思維上（註記邊界後的實體都具備相同的信任等級）是描述實體們具有對稱的信任關係。如果這個符號被使用在通訊渠道或資料流的控制上，那它的元數據需要包含流經的資料使用何種協定（例如，HTTP 或 HTTPS，是否雙向 TLS）、通訊埠號以及任何你需要揭露的安全控制資訊。

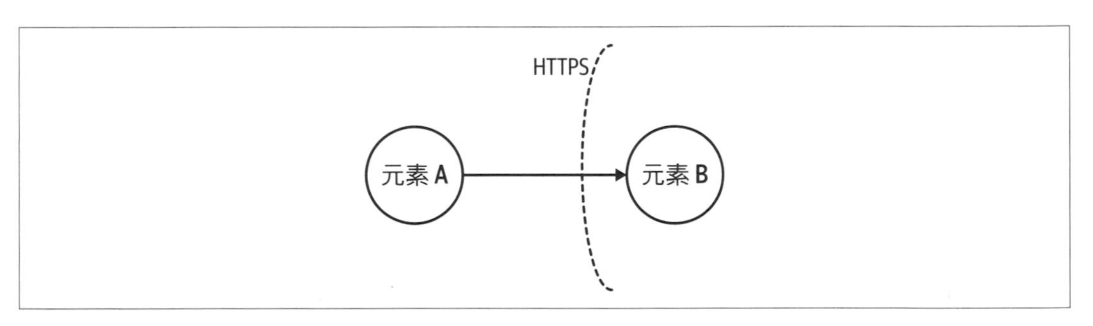

圖 1-14　註釋信任邊界的符號

圖 1-15 中圈出的*介面*符號是另一種非標準擴展圖形，它被用來標示元素或容器已定義的連接點，這對於顯示某個元素所提供的通訊埠和服務端口很有用。當服務端的具體功能在設計階段時尚未被定義或仍未確定運作行為時，或者，換句話說，對我們而言，客戶端是一種未知的狀態時，都將讓繪製特定的資料流變得困難，此時使用介面符號變得相當有幫助。雖然它看起來似乎是個微不足道的擔憂，但一個正在等待請求的微服務端口可能會是架構風險的主要來源，因此若能夠從模型中識別此點是很至關重要的。

圖 1-15　介面元素符號

每個介面都應該要有一個標籤和元數據以描述它的核心特徵：

- 如果介面代表一個通訊埠，請標示它的通訊埠號。
- 識別通訊渠道或其機制——例如，實體層或第一層 / 第二層：乙太網路、VLAN、USB 人體介面裝置（HID），或軟體定義網絡——以及介面是否暴露在外部環境。
- 介面提供的通訊協定（例如，第四層以上的協定或 TCP、IP、HTTP）
- 對於流入的連線（或是潛在地流出資料流）的存取控制，例如任何類型的身分驗證（密碼或 SSH 金鑰等），或介面是否受到防火牆等外部設備的影響。

知曉這些資訊可以讓分析更為簡單，因為所有連接至介面的資料流都會繼承這些特徵，因此你的模型繪圖可以變得更簡潔易懂。如果你不想要使用這個符號，那可能需要建立一個虛擬實體和額外的資料流指向微服務的開放端口，而這樣做會讓繪圖看起來較為複雜。

圖 1-16 所示的方塊圖形，並沒有被納入公認的 DFD 圖形集合。之所以將其包含在此處是因為 Matt 發現它很有用，並且希望當有任何機會為模型增加價值和清晰度時，威脅建模不需要受限於傳統表示方法。

圖 1-16 顯示的**方塊符號**表示一個架構元素，它選擇性地改變它所被附加的資料流。方塊還可以修改資料流上的連接埠或程序邊界。當主機防火牆、另一個實體設備或作為架構功能的邏輯機制存在並且對分析很重要時，使用此圖形會強調它們。方塊符號也可以用來標示專案團隊無法控制但會影響系統的選配或外掛設備，但此處並非指傳統上的外部實體。

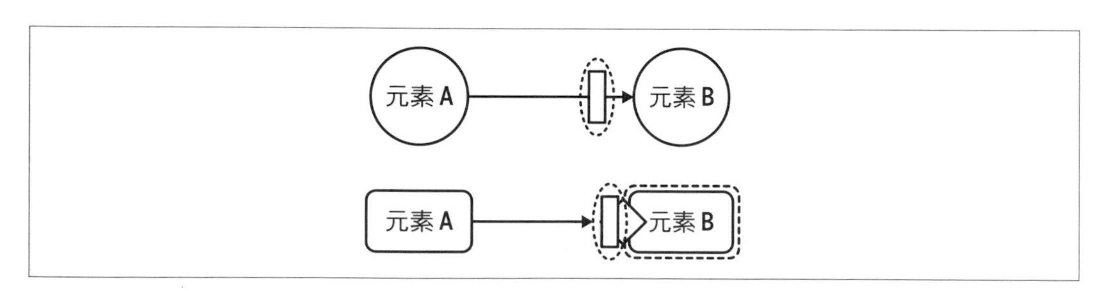

圖 1-16　方塊符號

對於方塊符號，你蒐集的元資料應包含常見的標記和以下內容：

方塊的類型

實體設備或是邏輯單元，以及該單元是否為系統的非必要元件。

行為

這個方塊符號代表什麼功能，以及它會如何修改資料流，或者對通訊埠及程序的存取。對於方塊符號來表示行為的修改，使用循序圖或狀態機可以提供額外的詳細資訊。

在開發系統模型時，請務必確定你和專案團隊是否將使用特定符號，以及你是否賦予它不同的含義（有效地為威脅建模製定自己的內部規則，這是完全可以接受的！）保持使用一致的符號，這將使活動維持高效並顯得有價值。

循序圖

雖然 DFD 顯示了系統元件之間的交互行為、互相連線以及資料如何在它們之間移動，但*循序圖*顯示了基於時間或事件的操作序列。循序圖來自 UML（*https://oreil.ly/U_9q-*），是 UML 中交互圖類型的特例。為了達成正確的分析，使用循序圖以補充 DFD 的表述，並以此作為準備威脅分析的建模過程一部分，有助於提供關於系統行為的背景以及時間方面的資訊。例如，DFD 可以向你展示客戶端與伺服器間的通信並將某種形式的資料傳遞給伺服器，而循序圖將向你展示該通訊流中的操作順序。這可能會揭露重要資訊，例如誰發起了通訊、以及過程中可能引入安全或隱私風險的任何步驟，例如未能正確實施協定或其他一些弱點。

針對建模活動，循序圖是否真的比 DFD 的構建來得較重要，對此，資訊安全社群有一些討論。這是因為正確構建的循序圖可以提供比 DFD 更有用的數據。循序圖不僅顯示了資料流中涉及哪些數據和哪些實體，還說明了數據*如何*在系統中流動、以及以何種順序流動。因此，使用循序圖更容易發現業務邏輯和協定處理中的缺陷（並且在某些情況下，使用循序圖可能是唯一的方法）。

循序圖還能突顯關鍵的設計失誤，例如缺乏異常處理的區域、故障點或其他未能應用一致性安全控制的區域。它也能暴露未能正確發揮作用或已經在無意中失效的元件，或潛在的競爭危害，包括「檢查和使用的時間不一致所導致的漏洞」（TOCTOU）（*https://oreil.ly/G1E8o*）——僅僅知道資料在流動，但不知道資料流動的順序，並不能識別這些弱點。循序圖在威脅建模裡能否具備相同的重要性且越來越受歡迎，只能留給時間證明了。

UML 中循序圖的正式定義包括大量建模元素，但為了創建適合威脅分析的模型，你應該只關注以下子集。

圖 1-17 展示一個循序圖的例子，它模擬一個虛構系統內的潛在通訊與調用流程。

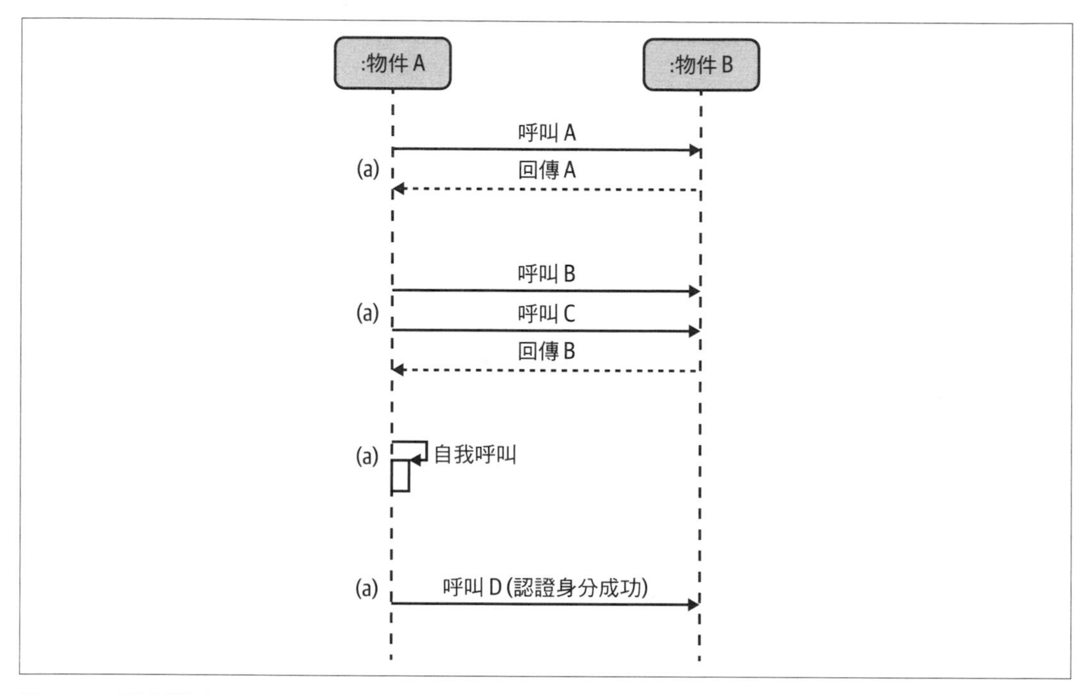

圖 1-17　循序圖形

圖 1-17 所示的建模元素包括以下內容：

實體（物件 *A* 和 *B*）

在所考慮的系統範圍內，實體之間彼此交互行為的連接細節。

使用者（人類）

此處並未出現，但他們駐留在系統元件的外部，並與系統內各種實體進行互動。

訊息

從一個實體傳輸到另一個實體的訊息會包含資料（「呼叫 A」和「回傳 B」）。訊息在實體間傳遞可以是同步的也可以是異步的；同步訊息（由實心箭頭表示）會阻塞程序直到獲得回應，而異步訊息（由空心箭頭表示，這邊未展示）是非阻塞的。以箭頭結尾的虛線代表訊息的返回。而一個實線箭頭指向實體自己，則表示訊息可以從一個實體發起並且終止在自己，而不傳遞給另一個實體。

條件邏輯

這可以放在訊息流上以提供限制或先決條件，有助於識別業務邏輯缺陷而引入的問題及其對資料流的影響。這個條件邏輯（圖 1-17 中未顯示）將具有 [condition] 的形式，放置於訊息標籤旁。

時間

在循序圖中，時間從上到下流動：圖中較高的訊息比後面的訊息在時間軸上出現得更快。

構建一個循序圖相當簡單，困難的部分在於如何畫出它。我們建議你找一個可以處理直線（實線和虛線）、基本圖形和可以彎曲箭頭的良好繪圖工具。Microsoft Visio（以及 Libre 或任何開放的替代方案，如 draw.io 或 Lucidchart）或像 PlantUML 這樣的 UML 建模工具應該能勝任這樣的工作。

你還需要決定要替哪些行為建模成序列。好的選擇包括身分驗證或資源授權流程，因為它們涉及多個實體（至少一個參與者和一個程序，或多個程序）以預定義的方式交換關鍵數據。你可以成功地對涉及數據儲存或異步處理模組的互動行為，以及包含多個實體的任何標準作業過程進行建模。

一旦你決定要建模的行為，請識別你系統中該元件的操作及交互行為。將每個元素作為一個朝向圖表頂部的矩形添加到圖中（如圖 1-17 所示），然後從矩形元素向下畫一條長線。最後，從圖的頂部開始（沿著長的垂直線），使用以箭頭結尾的線在一個方向或另一個方向上顯示元素彼此間如何交互。

繼續描述交互行為並且向下移動模型，直到你在預期的粒度級別上達到交互行為的結論。如果你使用實體白板或類似的媒介來繪製模型並做筆記，你可能需要在多個板上繪製你的模型，或者為不完整的模型部分拍照並將其擦掉，以便能繼續更廣泛和更深入地進行建模。然後，你需要稍後將這些部分整合在一起以形成一個完整的模型。

過程流程圖

過程流程圖（PFDs）在傳統上應用於工藝設計和化學工程，它顯示了系統（*https://oreil.ly/5AWOZ*）中操作的序列和有向性。PFD 類似於循序圖，但通常以較高的角度來顯示系統中事件的活動鏈，而不是特定訊息流和元件的狀態轉換。

為了完整起見，我們在此提及過程流程圖，但在威脅建模中使用 PFD 並不常見。然而，ThreatModeler 工具（*https://oreil.ly/ifk00*）使用 PFDs 作為其主要建模類型，所以有些人或許會找到它的價值。

PFD 在本質上可能與循序圖互補。有時候，你可以在循序圖上使用標籤來指明哪些訊息流的片段綁定特別的活動或事件，再從 PFD 裡描述它的活動鏈細節。

圖 1-18 顯示了一個簡單 Web 應用程序事件的 PFD。

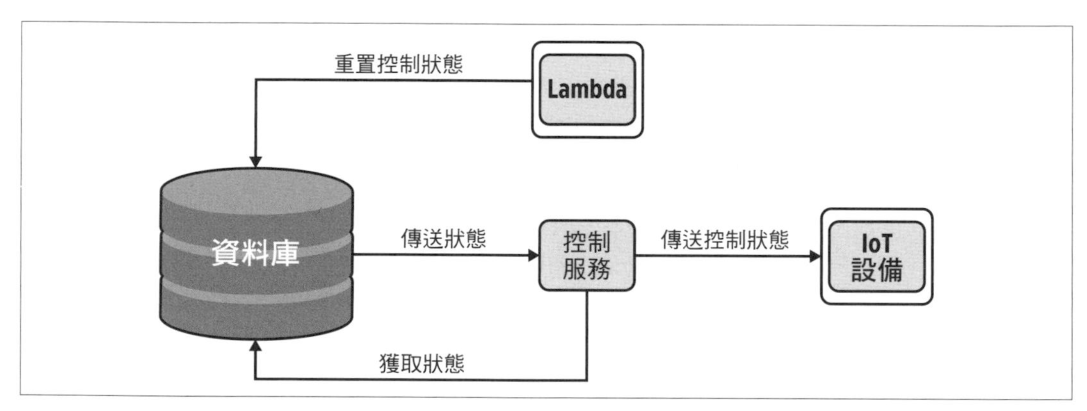

圖 1-18　過程流程圖範例

圖 1-19 顯示重繪相同的 PFD 成循序圖，並添加額外的活動框。

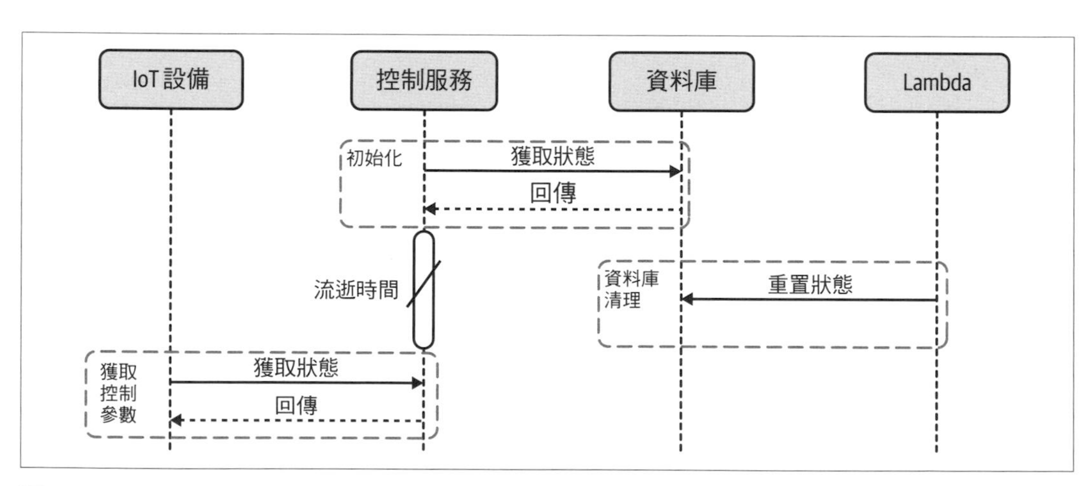

圖 1-19　以循序圖當作 PFD

攻擊樹

攻擊樹已經在計算機科學領域使用了 20 多年（*https://oreil.ly/3PDpY*），它透過對攻擊者如何影響系統進行建模，對了解系統的弱點非常有幫助。當使用以攻擊者為中心的方法時，攻擊樹是威脅分析中的主要模型類型。

這種類型的模型從代表目標或期望結果的根節點開始。請記住，在這種模型類型中，結果對系統所有者來說是負面結果，但對攻擊者來說是正面結果！中間節點和葉子節點代表實現父節點目標的可能方式。每個節點都標有要採取的行動，並應包括以下資訊：

- 執行這個行動以達成父節點目標的難度
- 涉及的成本
- 行動成功的特殊知識或特定條件
- 任何相關資訊以便能決定整體成功率或失敗率

圖 1-20 顯示了一個通用攻擊樹，其中包含一個目標、兩個動作和兩個攻擊者用來達到目標的子動作。

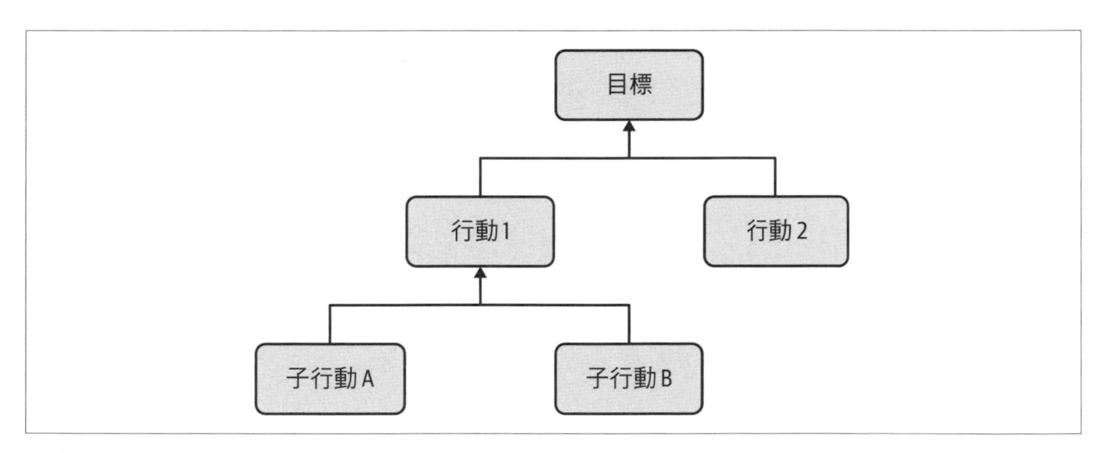

圖 1-20　通用攻擊樹圖

攻擊樹對於威脅分析和從攻擊者角度來了解系統的實際風險程度可能很有價值，為此，需要構建好幾件事並提供正確的影響分析：

- 究竟系統會如何被入侵——是一門著重在「什麼是可能的」而非「實際上會發生的」的完整知識
- 了解不同類型和群體的攻擊者，他們的動機、技能和可動用的資源

你可以使用以下步驟相對輕鬆地構建攻擊樹：

1. 確認攻擊的目標或攻擊目的
2. 確定為實現目標或目的而需採取的行動
3. 重新來過

確認攻擊的目標或攻擊目的

在這個範例中，我們假設攻擊者希望透過遠端程式碼執行在一個嵌入式設備的系統上建立持久性的連線。圖 1-21 展示它在持續演進的攻擊樹中看起來的樣子。

圖 1-21　攻擊樹範例，第一步，識別攻擊目標或攻擊對象

確定為實現目標或目的而需採取的行動

你如何在這個系統上獲得 RCE？一種方法是找到可利用的堆棧緩衝區溢出，並使用它來傳遞可執行的有效負載；或者你可以找到一個堆溢出並以類似的方式使用它。此時，你可能會想，「但是等等，我們對系統一無所知，不知道這是否可行！」沒錯，你是對的。

在現實生活中執行這個練習時，你希望盡可能地切合實際，並確保你對目標系統的評估都是有意義的操作。所以對於這個例子，讓我們假設這個嵌入式設備正在運行用 C 編寫的程式碼。同時，我們也假設該設備正在運行類似 Linux 的嵌入式操作系統——即時作業系統（RTOS）或其他一些資源受限的 Linux 版本。

所以，為了獲得 RCE，可能還需要什麼行動呢？系統是否允許遠端命令執行介面？如果我們假設這個設備有快閃記憶體和可開啟的媒體裝置，並且可以接受即時線上更新（OTA），那我們可以添加被竄改的檔案到媒體裝置和透過 OTA 傳送被惡意修改的韌體，或其他修改行為來達到 RCE。你所想到的任何可能手段都應該被添加到攻擊樹裡，如圖 1-22 所示。

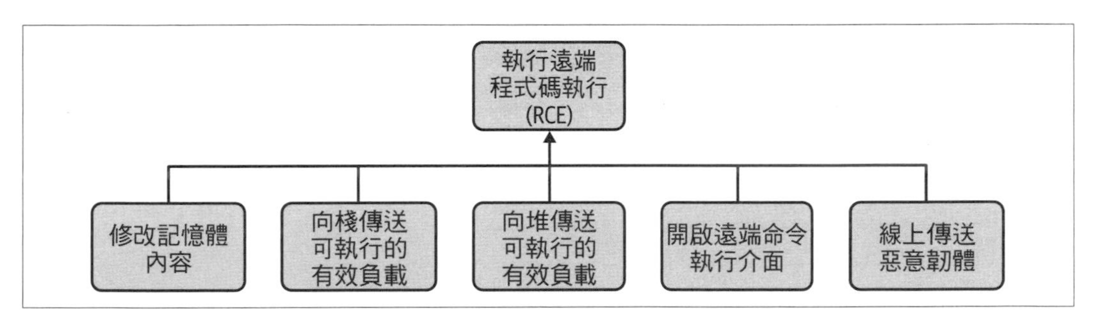

圖 1-22　攻擊樹範例，第二步：確定為實現目標或目的而需採取的行動

重新來過

這才是真正有趣的地方！試著想辦法實現下一個結果。不要擔心可行性或可能性；我們將在稍後討論分析以及根據分析做出的決策。請跳脫框架思考。記住，你已經戴上了你的駭客帽子，所以像他們一樣思考。不管你的想法有多瘋狂，都可能已經被嘗試過了。在這個階段，詳盡的可能性清單比部分的可行性清單要好。

當不需要額外的子步驟來完成操作時，你的樹就完成了。如果你的樹看起來不平衡，請不要擔心；並非所有行動都需要相同程度的複雜性才能取得成果。如果你有懸空節點，也不要擔心——識別所有可能的攻擊情境可能並不容易（盡可能地考慮愈多的情境愈好，但你可能無法識別所有情況）。圖 1-23 顯示了一個進化的（並且可能是完整的）攻擊樹，指出了攻擊者可能達到目標的方法。

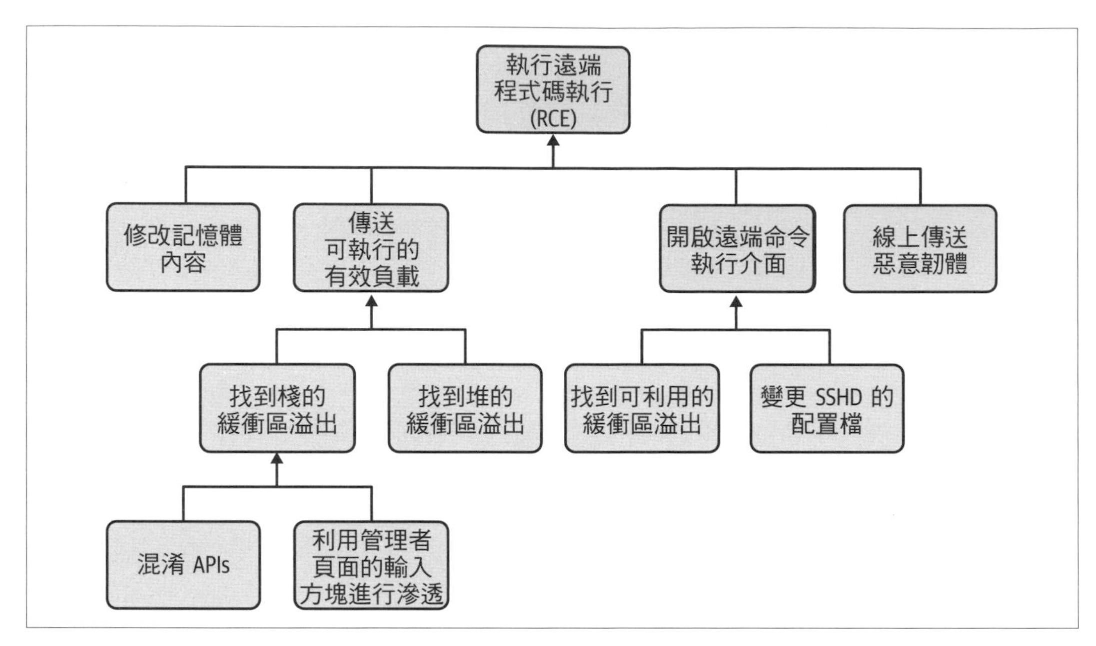

圖 1-23　攻擊樹範例，第三步和之後：識別子行動和達到子目標

在小組腦力激盪階段，學習如何打破舊有思維或完成一些先決條件較為簡單。這可以讓那些具備資安知識和技能的成員，將他們的專業添加到小組討論之中，以便你可以識別攻擊樹的所有可能節點。了解你組織的風險偏好和願意承受的風險程度，以及組織是否願意採取必要行動來解決任何已被識別出來的問題，這些因素將釐清你該花多少時間在這個活動上。

了解攻擊者的行為方式對於大多數企業和安全從業者來說是一項重大挑戰，但諸如 MITRE ATT&CK 框架（*https://attack.mitre.org*）等社群資源讓識別攻擊方的特徵、技能和動機變得較為輕鬆。它當然不是萬靈丹，惟有在社群提供充分支援時，框架工具才會顯得好用。如果在現實生活裡你不了解駭客團體的行為，可以參考 Adam Shostack 的部落格其中一篇文章總結 Jonathan Marcil 的演講，這是一個很棒的學習資源（*https://oreil.ly/xizOp*）。

魚骨圖

魚骨圖（*https://oreil.ly/B8Xbe*）也稱因果圖或石川圖，主要用來分析問題的根本原因，如圖 1-24 展示一個魚骨圖的範例。

與攻擊樹類似，魚骨圖可以幫助你識別系統中任何給定區域的弱點。這些圖表還可用於識別流程中的缺陷或弱點，例如在供應鏈系統中發現的缺陷或弱點，你可能需要分析元件的交付或製造、配置檔管理或關鍵資產保護。此建模過程還可以幫助你了解導致弱點被利用的事件鏈。了解這些資訊可以讓你構建更好的 DFD（透過知道要問什麼問題或尋找什麼資料），並識別新類型的威脅以及安全測試用例。

構建魚骨圖類似於創建攻擊樹，不同之處在於你要建模的是被影響的結果，而不是識別攻擊目的和那些如何實現目標的行動。此範例對數據暴露的原因進行建模。

首先，定義要建模的目標結果；圖 1-24 展示了將數據暴露作為模型結果的技術。

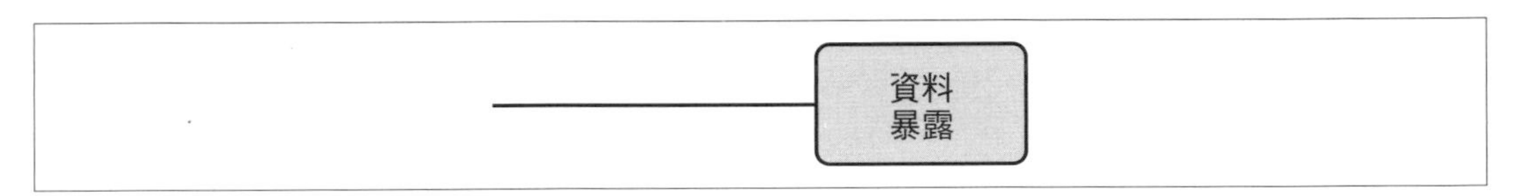

圖 1-24　魚骨圖範例，第一步：主要影響

接著，你要確定導致該結果的一組主要原因。這裡我們已經確定了三個：過於冗長的日誌、隱蔽的渠道和用戶錯誤，如圖 1-25 所示。

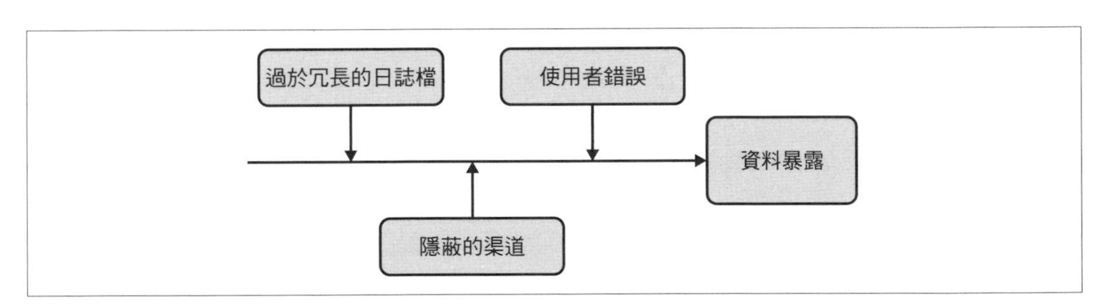

圖 1-25　魚骨圖範例，第二步：主要原因

最後，你辨識出一組可能因素並找到主要原因（諸如此類的）。此處，我們辨別出主要造成使用者錯誤是源於令人混淆的使用者介面（UI）。此範例僅識別三種威脅，但你會希望創建更大、更廣泛的模型，而這具體取決於你希望花費多少時間和精力、以及預期取得結果的粒度。圖 1-26 顯示了完整狀態下的魚骨圖，包括預期結果、主因和次要原因。

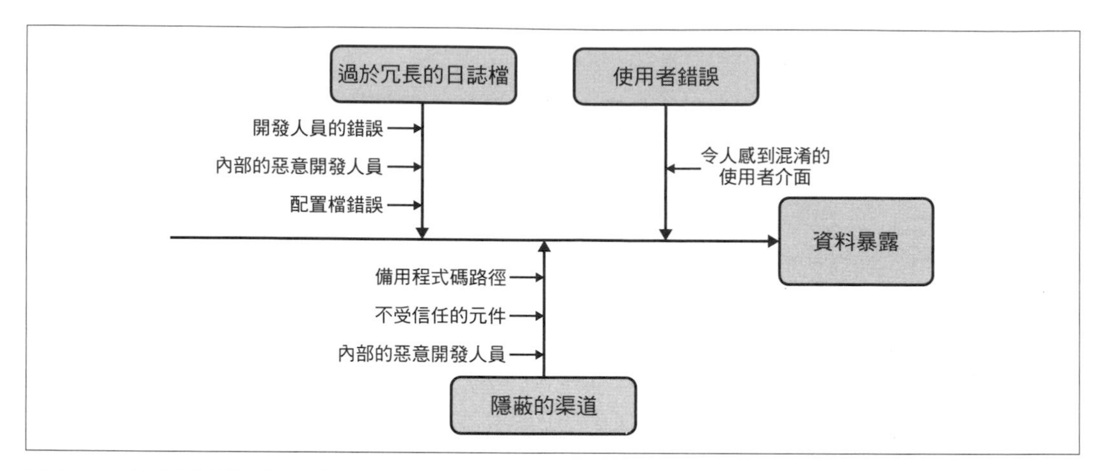

圖 1-26　魚骨圖範例，第三步：次要原因

如何建立系統模型

創建系統模型的基本過程從識別系統中的主要構建區塊開始——這些可能是應用程式、伺服器、資料庫或數據儲存，然後確認每個主要構建區塊彼此間的連接：

- 應用程式是否支援 API 或使用者介面？
- 伺服器是否在監聽什麼通訊埠？如果有的話，是透過什麼協定？
- 是什麼元件與資料庫進行溝通？它是只讀取資料還是也有寫入資料？
- 資料庫如何控制存取？

保持以上的幾項原則程並遍歷模型中框架層的每個實體，直到你完成所有必要的連接、介面、通訊協定和資料流。

接下來，選擇其中一個實體（通常是應用程式或伺服器），它可能包含你需要發現的其他詳細資訊，以便確定需要關注的領域並進一步細分。此外，在查看構成應用程式伺服器的子部分時，請關注應用程式的入口和出口點，以及這些通道連接的位置。

還要考慮各個子部分如何相互溝通，包括通訊渠道、通訊協定和傳遞的數據類型。你將會需要根據添加到模型中的不同圖形類型，加上相關的資訊（在本章稍後你將了解如何使用元數據註釋模型）。

在構建模型時，你將會需要利用你對安全知識、相關技術的判斷力來蒐集資訊以進行威脅評估。理想情況下，你應該會在模型完成後立即執行此威脅評估。

在開始之前，請確定你可能需要使用的模型類型以及搭配每種模型類型的符號集。例如，你可能決定使用 DFD 作為主要模型類型，但決定採用預設符號集（取決於你使用哪一種繪圖工具包）。如果你的系統元件間包含非標準的互動行為，並且可能藏有被利用弱點的話，你也有可能加入循序圖至模型裡，而這會是相當合適的選擇。

作為建模練習的領導者（為了本章的目的，我們假設就是你——幸運的你），你需要確保利益相關者都參與其中。請邀請首席架構師、其他設計師和開發主管參加建模會議，也別忘記邀請品質保證團隊領導參與會議。鼓勵專案裡的所有團隊成員為模型的構建提供意見，但實際上，我們建議將參與者清單保持在可管理的範圍內，以最大限度地增加參與者的時間和注意力。

如果這是你或你的開發團隊第一次創建系統模型，請慢慢開始。向團隊解釋練習的目標或預期結果。你還應該說明你預計這個練習需要多久時間、你將遵循的流程，以及每個利益相關者和你自己在這個活動中的角色。此外，萬一團隊成員尚不熟悉彼此，記得在會議開始前請大家進行自我介紹。

你還應該決定會議過程中的繪圖和記錄該由誰負責。我們建議由你自己進行繪圖記錄，因為這樣做將會把所有討論都圍繞著你，並為其他的參與者提供專注於手頭任務的機會。

當你探索系統時，以下事項值得特別一提：

練習的時機至關重要

如果太早把大家聚在一起開會，隨著不同觀點的設計師們相互彼此挑戰，有可能使得討論場合過於混亂、討論主題失焦，導致無法充分地形成設計共識。但如果你會議召開得太晚，該設計可能已經定案，而在威脅分析期間發現的任何問題都可能無法及時解決，使你的會議成為一項文件記錄練習而不是威脅分析。

不同的利益相關者會以不同的方式看待事物

我們發現，當話題涉及到系統的設計或實作細節方式時，利益相關者們總是在雞同鴨講，特別是隨著與會者人數的增加，這種情況很常見；你需要引導討論至通往正確設計的路徑。你可能還需要緩和討論，以避免對談陷入令人困惑的處境和鬼打牆，並警惕是否有與會者在竊竊私語，因為這會造成不必要且耗時的分心。在系統建模過程中，利益相關者之間的良好對話通常會帶來「啊哈！」時刻，因為討論可以展露出預期的設計和實務上的實作發生衝突，而此時團隊可以識別哪些不受監督的限制條件誤修改初始設計的點。

結尾鬆散是可以的

如同我們先前所述，你可能會執著於追求完美，但請記得適度地失真是可以被接受，只要確保避免或盡量減少已知的**錯誤**資訊。讓模型中的資料流或元素填上問號，比所有內容都完整但有一些已知的不正確之處來得較好。垃圾進垃圾出；在這種情況下，不精準的資訊將導致分析不佳，這可能意味著得到多個錯誤結論，或者更糟糕的是，在系統的潛在關鍵區域缺乏結論。

我們建議你將系統建模作為**指導練習**。如果專案團隊不熟悉模型構建過程，這一點尤其重要。有產品開發團隊以外的人參與對促進建模練習通常是有益的，因為這避免了與系統設計及其對交付需求的潛在影響有關的利益衝突。

也不是說促進模型建構的人都應該完全立場公正，身為領導者應該要負責聚集必要的參與者，並且與這支團隊合作去定義預計打造的系統，這樣才能夠為之後的分析活動提供足夠的資訊細節。因此，領導者應該是結果的推動者，而不是無私的第三方。他們確實需要被從設計（以及做出的假設、捷徑、或被忽略的風險）中刪除，這樣才能提供對系統的批判性觀察，並能夠從中梳理出對威脅分析有用的背景資訊。

作為領導者，在分析模型時，盡可能獲得準確和完整的資訊非常重要；你的分析可能會導致系統設計發生變化，而你一開始使用的信息越準確，你就能做出更好的分析和建議。除了密切關注細節，願意並且能夠「地毯式搜索」，在正確的時間找到正確的資訊，你還應該熟悉系統所使用的技術、系統被設計的目的以及哪些實務上的參與者。

雖然你不需要成為安全專家才能構建良好的系統模型，但模型構建通常被視為進行威脅分析階段的先決條件。伴隨著這個活動可能迅速且連續的展開，這表明熟悉系統一切面向的你可能也應該成為該專案的安全負責人。但談論到現實情況，現代的專案開發流程，你不太可能是一個知曉系統一切細節的專家。你必須依靠隊友來彌補知識上的差距並更多地充當促進者，以確保團隊有效地開發出具備代表性和準確度的模型。請記住，你不需要成為汽車修理技師才能駕駛汽車，但你的確需要知道道路規則和如何駕駛汽車。

如果你領導並指揮交付用於分析的系統模型，那麼你應該可以接受不完美的版本，尤其是在建構新的系統模型時，因為你將有機會在後續的迭代中持續改進該模型。

無論你在繪製模型或者詰問設計師向你展示的系統是多麼熟練，你所需要的全部資訊都有可能遺失或不存在，至少在初期必是如此。但這沒有關係，系統模型是代表正在考慮的系統，不需要 100% 準確才有價值。你必須知道一些關於系統的不變事項和每個系統內部元件，才能有效地進行分析，但不要試圖一開始就完美，否則你將會感到氣餒（不幸的是，我們從經驗中學到這一點）。

牢記以下幾個簡單事項，你可以提高成功領導這項活動的機會：

建立無責區

對被分析系統有著強烈依附感的人會有許多主觀的意見和感受。雖然你應該期待與會者都具備獨立的專業精神，但如果你不避免某個參與者的情緒化表現在系統建模會議中，那麼爭吵和激烈的辯論可能會造成不愉快的工作關係。請準備好緩和討論，以防止針對性的挑錯，並將會議對話從咎責中重定向到新的學習契機。

不要驚喜

提前了解你打算完成的工作，記錄你的流程，並充分通知你的開發團隊。

鍛鍊

幫助你的團隊就是幫助你自己。藉由向團隊展示需要做什麼以及需要他們提供哪些訊息，這樣他們才能取得成功。動手做是最有效的鍛鍊（例如，一個口令一個動作）。但是在這個視頻日誌（vlogs）和直播的時代，你也可以考慮錄製一個線上建模節目，例如 Critical Role 風格（*https://critrole.com/videos*），讓你的團隊可以隨時回放視頻觀看，鍛鍊時間最好是維持兩到三個小時。

充分準備

在系統建模練習之前詢問有關目標系統的資訊，例如系統需求、功能規範或用戶故事。這將使你了解設計人員在思考一組模組時可能會往哪個方向，並幫助你提出有助於獲得良好模型所需要的好問題。

用食物和飲料激勵與會者

準備甜甜圈和比薩（取決於一天中的時間）、咖啡或其他小吃。食物和飲料對於建立信任以及讓與會者討論棘手的話題（比如意外引入的安全漏洞！）大有幫助。

獲得領導層的認同

如果與會者知道他們的老闆參與了這項活動，他們在會議中會感到更加自在並分享他們的想法（可能會是讓人尷尬的祕密，可以這麼說）和點子。

在撰寫本文時，COVID-19 的大流行讓我們更創造性地思考如何安全地見面並透過運送（或本地採購的）零食和群組視訊通話建立虛擬同志關係。這些是你可以隨時應用於分散式團隊合作的經驗談。

在創建系統模型時，無論是哪種類型，你都可以選擇在實體白板或虛擬白板應用程式中將其繪製出來，並將其轉換為你喜歡的繪圖包。但你不必總是手動操作，要知道現在有許多線上和離線的實用程式工具[10]都可以讓你創建模型，而無須先手動繪製它們。

如果你使用這些繪圖包中的任何一個，如前所述，你應該想出自己的方法來為每個元素添加元數據註釋。你可以添加文字框或是對話框在圖上，但這可能會使圖表看起來更加混亂。一些繪圖應用程式會對物件和連接線執行自動佈局，使得複雜的圖表看起來像簡潔俐落。你還可以使用你喜歡的純文字編輯器中創建一個單獨的文件，並在文件中載明圖中顯示每個元素的必要元數據，然後將圖表和文本文檔的組合視為「模型」，允許他人執行可以識別威脅和弱點的分析。

好的系統模型看起來是什麼樣子？

由於你可能持有太多資訊，或者是不正確的資訊，以至於儘管你已經盡了最大的努力，但模型可能依然相當複雜。幸好，有時候模型本身的潛藏細節和後續執行分析所需的工作，將會攤提我們面對的複雜性。但是另一方面，極端複雜的模型細節可能來自於你環境或是市場領域的要求，舉例來說，某些行業如運輸或醫療設備，需要高階的分析以滿足更高程度的保證。然而，對於我們大多數人來說，威脅建模通常被視為不熟悉、令人不安或不受歡迎的「干擾」其他看似更關鍵的任務。但現在你已經知道：一個好的威脅模型會在未來回收所付出的成本。

10 draw.io、Lucidchart、Microsoft Visio、OWASP Threat Dragon、Dia…等，族繁不及備載。

但是什麼才是好的模型呢？這取決於各種因素，包括你使用的方法、你的目標以及你可以投入多少時間和精力來構建模型。雖然一個好的模型很難描述，但我們可以強調形成一個好的系統模型的關鍵點。好的模型至少具有以下屬性：

精準的

讓你的模型遠離誤導性資訊，或會導致不完美威脅分析的不精準因素。這很難單獨完成，因此獲得系統設計人員、開發人員和項目其他人員的支持至關重要。當我們以為每件事都搞定時，如果專案團隊大聲問「**那是什麼？**」，表示在系統模型的構建過程中發生了一些不好的事情，應該重新審視。

有意義的

模型應該包含**資訊**，而不僅僅是資料。請記住，你正在嘗試捕獲指向系統內「潛在危害條件」的資訊，而識別這些條件取決於你最終選擇的威脅建模方法。你使用的方法可以確定你是僅尋找可利用的弱點（也稱為漏洞）還是想要識別系統中哪些部分可能**潛藏**弱點包含它可利用與否（因為理論上它們可能會在實踐中變得可利用，而不是只在紙上談兵）。

有時人們希望盡可能多地捕獲有關系統的元數據，但是建模的重點是在不重新創建系統的情況下創建系統的表示式，提供足夠的數據來對系統的特徵進行推論和直接進行判斷。

代表性

模型應該是代表架構師的設計想法**或者**開發團隊的實現。模型可以告訴我們系統安全狀況的期望，不管是設計面或實作面，但通常不會兩者兼具。無論哪種方式，會議室桌子周圍的談話都將是「他說，她說」的全體共識，團隊應該在創建的模型中清楚地識別他們的系統。

動態的

你的系統不是靜態的，你的開發團隊一直在進行更改、升級和修復。因為你的系統總是在變化，所以你的模型需要是動態文檔。定期重新訪問模型以確保它保持準確，它應該反映當前預期的系統設計或當前系統實作。若模型總是反映當前預期的系統設計或實作，那它就是「系統本身」（what is）；反之，若是未能如實反映系統真實樣貌，我們看待模型就只會是一種期許了（what should be）。

確定你的模型何時「夠好」並不容易。當決定系統模型的質量和「優良度」，你應該制定指南並將其提供給所有參與者。這些指南應說明要使用哪些結構（即圖形、方法）來建模以及它們用於什麼目的。指南還應該確定要爭取的資訊粒度級別以及多少資訊才算過量，還有風格指導——例如，如何在模型圖中記錄註釋或使用顏色。

指南本身並不是規則，它們的存在是為了在建模練習中提供一致性。然而，如果團隊成員偏離了指導方針，但卻更高效地開發出具備質量的模型，那就把他們都帶出去喝一杯大肆慶祝吧。當參與者（系統的設計者、其他利益相關者以及你自己）同意該模型很適合用來表示你想要構建的系統時，就可以宣布團隊創建的第一個模型成功。挑戰可能仍然存在，利益相關者可能對他們的創建（系統，而不是模型）有所保留，但團隊已經清除了第一個障礙，應該受到祝賀。

總結

在本章中，你了解了創建複雜系統模型的歷史摘要，以及威脅建模中常用的模型類型。我們還重點介紹了可幫助你和你的團隊將適量資訊導入模型的技術，這將幫助你在的資訊大海撈針（數據），同時避免分析癱瘓。

接下來的第 2 章，我們將介紹一種通用的威脅建模方法。在第 3 章，我們將介紹一系列業界認可的識別威脅和確認威脅優先級別的方法。

第二章

威脅建模的通用方法

> 如果你一直重複過去做過的事情，那麼你將只會獲得已經擁有的東西。
>
> ——Henry Ford

威脅建模是一種評估系統設計是否受到安全威脅的具體實踐。它遵循某種一致性的方法並且可以被概括成幾個基本步驟；本章介紹一般的威脅建模流程，並提供你在系統模型裡該注意尋找哪些資訊，和威脅建模可能永遠無法發現的結論又是什麼。

基本步驟

本節將概述一般威脅建模流程中的基本步驟。有經驗的建模者可以平行地執行這些步驟，並且大部分是自動執行的；他們在模型形成時便不斷地評估系統狀態，並且他們可能足以在模型達到預期的成熟度之前就指出需要關注的領域。

你可能需要一些時間才能達到如此得心應手和熟悉的程度，但透過練習，你將逐漸地對執行這些步驟駕輕就熟：

1. 識別系統中的物件

   對於你欲進行建模的系統，請識別出那些有關聯的任何元素、數據儲存、外部實體和參與者，並蒐集特徵或屬性作為關於這些事物的元數據（在本章稍後我們提供一些範例問題，你可以使用這些問題來簡化元數據的蒐集）。記錄每個物件所支持或提供的安全功能和控制條件，以及任何明顯的缺陷（例如在 HTTP 協定裡公開網頁伺服器資訊，或不需要身分驗證即可存取的資料庫）。

2. 識別物件之間的資料流

確定數據如何在步驟 1 中所描述的對象之間流動。然後記錄有關這些流動的元數據，例如使用的協定、資料的分類、數據的敏感性以及資料流的方向性。

3. 識別感興趣的資產

不論是步驟 1 辨識出的物件或步驟 2 辨識出的資料流，詳細闡述這些相關、感興趣的資產。請記住，資產可能包括數據——不論是應用程式內部的數據（例如控制參數或配置檔設定）或者與應用程式功能相關的數據（即用戶數據）。

4. 識別系統的弱點和漏洞

根據系統內物件和資料流的特徵，了解步驟 3 中所辨識出的資產其機密性、完整性、可用性、隱私和安全性可能受到的影響。尤其你正在尋找哪些違反了導論中描述的安全原則。例如，如果某個資產包含存取令牌或金鑰，並且在某些情況下可能會被錯誤地存取該金鑰（導致機密性丟失），那麼你就已經確定了一個弱點。如果該弱點在實務上是可以被利用的，那麼你就有一個可能受到威脅的漏洞。

5. 識別威脅

你需要將系統資產的漏洞與威脅參與者做關聯，以確定會給系統帶來風險的每個漏洞被利用的可能性。

6. 確定可利用性

最後，確認攻擊者入侵系統導致對一項或多項資產造成影響的可能途徑；換句話說，確定攻擊者如何利用步驟 4 中確定的弱點。

你正在系統模型裡尋找什麼

一旦你有了一個可以使用的模型，在任何完整性（或準確性）狀態下，你都可以開始檢查該模型是否存在漏洞和威脅。這是你從系統建模轉向威脅建模的地方，此時，你可能會問自己：「我到底應該在這堆亂七八糟的方框、線條和文字敘述中尋找什麼？」

簡短的回答是：你正在尋找攻擊者所需[1]的**手段**和**機會**，此外，如果他們也對你的系統存在**動機**的話，也會進行攻擊。那麼手段、機會和動機，又各別是什麼意思呢？

1 Peter J. Dostal, "Circumstantial Evidence," The Criminal Law Notebook, https://oreil.ly/3yyB4.

手段

系統是否存在一個攻擊向量？

機會

系統的使用或部署（或在更細粒度的級別上，單個元件）是否存在會導致具有適當動機的攻擊者可能用來進行存取或攻擊的路徑？

動機

攻擊者是否有理由對你的系統進行攻擊？一個有充分動機的攻擊者也可能創造超乎你預期的攻擊機會。

手段和機會構成了威脅的基礎，而對手的動機是最難準確了解的，這就是為什麼風險作為一個概念存在的原因——只有在一定程度的信心下才能知道動機，而實際的利用嘗試只能透過機率來可靠地估算。根據定義，風險是衡量可能性（對手有動機、機會和手段的可能性有多大？）和影響程度。除了動機之外，你還必須評估潛在攻擊者引發威脅事件的能力。

由於有太多因素會影響攻擊的可能性及其成功的可能性，因此除非在特定（並且可能是獨特的）情況下，否則無法準確量化風險。

常見的可疑之處

以下是一個非詳盡的術語清單，對於你製作的模型，當你在學習有哪些領域需要關注時，要注意：

任何不安全的協定

某些協定有兩種形式，一種有安全性，一種沒有（有安全性的協定通常名稱以「s」結尾）。或者，隨著安全知識、攻擊或分析技術的進化、某些過時的協定逐漸被挖掘出弱點，或者出現更加流行的實作方式，以上都可能導致過往使用的協定被認為是薄弱的。例如：

```
http
ftp
telent
ntp
snmpv1
wep
sslv3
```

如果你發現任何上述這些協定或類似的不安全（無法保護或不再能夠滿足安全期望）或弱協定，**並且**你感興趣的資產正在使用其中之一進行通訊或進行存取，請將該資產標記為潛在漏洞和失去機密性（主要）及完整性（次要）。

未經身分驗證的任何程序或資料儲存

若是程序將關鍵服務（如資料庫伺服器或網頁伺服器）公開到網絡上且不需要進行身分驗證即可存取的話，那它就是一個直接的危險訊號。尤其是當這些元件其中之一包含、傳輸或接收你的關鍵資產（資料）時，缺乏身分驗證機制就像不安全的協定一樣容易暴露你的數據。

在這種情況下，尋找有助於減輕威脅影響的補償控制非常重要。這些控制通常依賴於能成功識別攻擊者的身分，但在這種情況下，系統不會告訴你攻擊者的身分。不過，你可能擁有來源 IP 地址形式的標識（當然，任何聰明的攻擊者都會透過欺騙來使你的安全運營中心跟丟蹤跡）。因此，請務必優先注意能夠顯示檢測惡意訪問的任何功能；如果沒有可用的控制機制，那麼缺少身分驗證的環節將是你要解決的最高優先事項。

未經資源授權的任何程序去存取關鍵資產或功能

與缺乏身分驗證類似，若是程序將關鍵服務公開到網絡上且沒有合適的資源授權管理即可存取的話——不管是一視同仁地向所有用戶授予相同的權限，或者向單一使用者授予過多的權限——都是攻擊者會試圖利用來入侵你的敏感資產的熱點。例如使用憑證填充攻擊、暴力破解和社交工程都可以提供憑證給攻擊者，然後攻擊者將使用它們來訪問關鍵服務，從而存取到你系統裡的「寶藏」。請記住，系統具有弱資源授權模型意味著任何帳戶都可以有效地做到這一點。

相反，如果你的系統豎立虛擬牆，並強制執行基於最小權限原則和職責分離的資源授權模型，那麼攻擊者獲取目標資產的路徑將更具挑戰性。使用有效的存取控制方案（例如針對用戶的 RBAC 和針對程序的 MAC）可以使管理更容易且不易出錯，並提供比零散方法更有效地實現安全驗證的可見性。

任何缺少日誌紀錄的程序

雖然任何試圖強制執行安全原則的開發人員或系統設計人員的主要目標都是首先防止攻擊者進入系統，而次要目標才是使攻擊者難以在系統中四處移動（導致他們花費更多的精力和時間，並可能將他們的攻擊轉移到別人家）。但可追溯性是系統應該具備的關鍵能力，藉此才可以識別攻擊者利用系統漏洞的任何企圖，並在事後稽核攻擊者執行過的所有行為。缺少關鍵系統事件日誌記錄的程序，尤其是與安全相關的事件，應該被特別關注。如果不了解系統的行為和其中使用者的行為（或嘗試執行的事），系統的操作員將遭受「戰爭迷霧」（*https://oreil.ly/UIF6Y*）的困擾，這使得與熟練的對手相比，他們處於嚴重的劣勢。

敏感資產以明文顯示

如果你認為數據等資產是敏感的，你會把它寫在一張紙上並貼在電腦螢幕上嗎[2]？如果不會的話，那麼為什麼要讓它「以明文形式」駐留在主機磁碟或非揮發性儲存設備中呢？相反，它應該以某種方式受到保護——加密或雜湊，具體取決於其用途。

沒有完整性控制的敏感數據資產

即使你以加密方式保護你的資產，保護它們不被存取（讀取），你也需要保護它們不被竄改。如果保存涉及敏感資產的竄改證據或防止敏感資產被竄改並不是系統提供的功能，那這應該是一個危險訊號。**竄改證據**代表著有足夠的日誌記錄顯示資產是否遭到修改，但我們還建議可以另外執行完整性檢查。數位簽章和加密雜湊演算法使用金鑰產生可用於驗證資料完整性的資訊，並且也可以驗證該資訊的真實性。對於軟體開發而言，**防竄改**是一個更難實現的功能。通常涉及使用「安全性引用監控」（一種受特殊保護的執行程序，可以對系統內所有資產和操作，強制執行完整性驗證）以防止惡意修改。除了軟體選項以外，也有保存竄改證據和防竄改功能的硬體安全解決方案[3]。

在某些系統中，如嵌入式設備，你可以將某些資產以明文形式儲存在記憶體，只要確保對記憶體的存取受到嚴格限制即可。例如，儲存在一次性可編程（OTP）記憶體中的金鑰是明文形式，但通常只有隔離的安全處理器（例如加密加速器）才能存取，攻擊者幾乎肯定需要完全破壞設備才能進行記憶體存取來獲得金鑰。這可能會是你和你的老闆「可以接受」的風險。

2 這是電腦使用者儲存密碼的常見方式！

3 如美國 NIST FIPS 定義 140-2，*https://oreil.ly/N_pfq*。

不當使用加密技術

加密技術對於保護敏感資產至關重要，但它很容易被誤用。或許很難知道什麼時候沒有正確使用加密技術，但注意以下內容可以告訴你是否存在潛藏的問題：

- 需要以原始形式讀取或使用的雜湊資訊（例如在對遠程系統進行身分驗證時）
- 使用對稱加密算法（例如進階加密標準亦或稱 AES）的金鑰對位於同一元件上的數據進行加密
- 沒有使用安全加密的隨機數生成器（*https://oreil.ly/Ld4wm*）
- 使用你自己開發的加密演算法[4]

跨越信任邊界的通訊路徑

不管什麼時候，只要數據從一個系統元件移動到另一個系統元件時，攻擊者都可能攔截它、竊取它、竄改它或阻止它到達目的地。如果通訊路徑超出了元件之間信任關係的範圍（在同一個集合內的每個元件都被認為是可以互相信任的）；這就是**穿越信任邊界**的意思。例如，公司內部的通訊情境——如果消息在公司內部的個人之間傳遞，每個人通常都是可信的，並且沒有跨越信任邊界。但是，如果消息離開組織，例如通過電子郵件發送給外部參與者，則該消息不再受到受信任的參與者或系統的保護，並且需要採取保護措施來確保消息的可信度、完整性和機密性得到維護。

之前的清單著眼於尋找安全問題，但是也可以很容易地擴展到包括隱私或安全隱患；一些需要注意的安全危險訊號可能會直接導致隱私或其他問題，具體取決於系統在其設計和操作中的資產和目標。

一些系統模型類型，例如循序圖，可以很容易地發現不安全因素。例如，要識別 TOCTOU（*https://oreil.ly/l3Jaq*）安全隱憂時，請查找兩個或多個實體和數據（儲存或緩衝區）之間的一系列互動行為。具體來說，你希望找到一個程序存取兩次數據，但在**兩次存取間**又有另一個單獨的實體與該數據互動的地方。舉例而言，在數據變化狀態的期間去存取它時，例如鎖定記憶體、更改緩衝區的值或刪除數據儲存內容，這可能會導致其他實體發生不好的結果。

圖 2-1 顯示了一個循序圖範例，突顯了存在 TOCTOU 弱點的常見情境。

4 拜託，除非你是密碼學家或數學專家，否則不要這樣做！

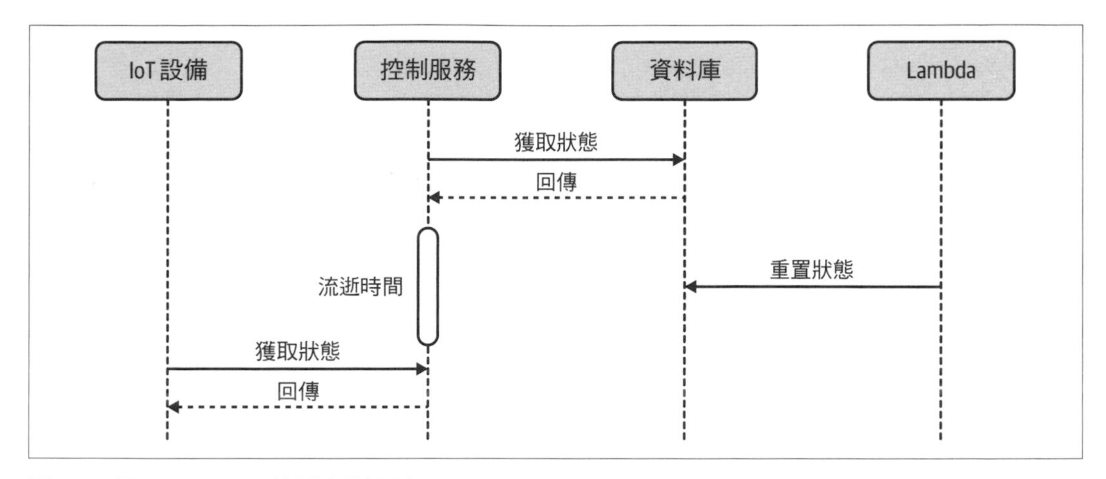

圖 2-1 展示 TOCTOU 的循序圖範例

你能發現問題嗎[5]？

你不應該期望發現的事

系統模型是指對系統及其屬性進行抽象化或建立另一種近似的表示方式。威脅建模最好「儘早且經常」完成，並且主要關注系統的架構和設計方面。因此程式語言的限制、嵌入式元件或開發人員的選擇，並不會如實反映在系統模型之上，於是你將**無法**經由此練習發現基於實作的缺陷。

例如，雖然可以知道你正在使用正確的加密形式來保護敏感資產，但在設計階段時很難知道在金鑰生成期間隨機數產生器是否被正確設置。你可以**預測**它**可能**成為一件令人擔憂的事，並且可以模擬在實務中如果確實發生不良設置時所產生的影響，但此時你的發現將是純理論探究，因此不足以採取行動。同樣，你可能從模型中知道某個特定功能是用一種存取記憶體較不安全的語言所編寫的（例如，使用 C 程式語言），但是卻很難知道你的 200 個 API 中，其中三個具有可遠程利用的基於堆棧的緩衝區溢出。你應該注意不要成為組織中那個常喊「狼來了」的人（*https://oreil.ly/fVc3L*），而是專注於可操作和可辯護的結果。

5 答案：控制服務過早從資料庫中獲取控制狀態變數，並且沒有更新它本地副本，這會導致在請求狀態變數時向設備返回不正確的值。

威脅情報蒐集

預測哪些特定參與者可能想要攻擊你的系統，利用你已識別的漏洞來訪問你系統中的資產的想法可能看起來令人卻步，但不要害怕。是的，你可以進行研究以識別特定的駭客組織，了解他們的作案手法，並讓你自己和你的團隊相信你的資產即將遭受駭客的鎖定。而 MITRE ATT&CK 框架（*https://attack.mitre.org*）使你與團隊進行這類研究項目來得更容易。

但在你開始行動之前，請考慮某人可能會做什麼的威脅，然後是什麼**類型**的攻擊者可能會做那件事。從某種意義上說，你可能幾乎將這種思維視為科技版的*夢想之地*（*https://oreil.ly/hN2tW*），因為僅僅存在漏洞並不能完美預測利用。但是如果你幾乎可以肯定地確定某人**可能**會如何利用你的系統，你就同樣可以確定攻擊者可能具有的資格、動機和對系統的興趣度，以及這將如何轉化為對你的系統的潛在影響。

你將在第 3 章了解更多關於執行此操作的威脅建模方法。這些方法會將本章提及到的觀念與知識，轉化為戰術、技巧和程序（TTP）。

總結

在本章中，你學習到威脅建模的通用流程。你還了解如何從蒐集到的資訊內容中查找所需數據以作為系統模型的結論。最後，你學會從威脅建模和威脅情報來源之中，可以確定什麼和不能確定什麼。

在下一章，你將了解在常見的實踐情境中的特定威脅建模方法、每種方法的優缺點，以及如何選擇適合你需求的方法。

第三章

威脅建模方法

> 所以既然所有的模型都是錯的，那麼知道該擔心什麼就非常重要；或者，換句話說，知道哪些模型可能在實踐中會產生有效的程序（你必須知道確切的假設永遠不會成立）。
>
> ——G. E. P. Box and A. Luceño，統計控制：通過監控和反饋調整（John Wiley 父子）

在實務工作上，有許多的威脅建模方法，本章將從中篩選並介紹一些經典方法，並且強調了學習這門知識的所需原則。我們以個人的觀點和經驗針對這些方法的優點和缺點進行探討（並在適當的情況下，借用可信來源的意見），因此你可以從中確認出一種可能適合你的方法。

在我們深入之前…

在開始之前，讓我們先開宗明義地說：沒有**最好的方法**。例如，我們假設某種特定的威脅建模方法可滿足特定的技術要求或合規性要求，若某些組織和團隊採用這個方法，可以成功運作並帶來成效，但這並不代表其他人採用相同作法會得到一樣結果，換言之，威脅建模方法也與團隊本身的內在因素息息相關。原因可能有很多，包括團隊的組織文化、參與威脅模型練習的人員，以及專案當前狀態對團隊的限制（這會隨著時間的推移而變化）。

例如，設想有一個團隊，一開始並沒有建立以安全為導向的團隊目標，然後演變為任命其中一位成員當**安全負責人**（*https://oreil.ly/KQfS3*）來專責整個團隊的安全問題，最後達到每個開發人員都參與其中的狀態、架構師和測試人員也具有足夠的安全知識，可以單獨負責產品的整體安全性[1]。在這三個階段中的每一個階段，該團隊都面臨著一組不同的問題，這些問題會以不同的方式影響威脅建模方法的選擇：

1 根據我們的經驗，終極目標是使威脅建模成為任何人都可以學習和應用的一門知識。

第一階段：先前沒有建立安全目標（以及對於安全知識所知甚少）

團隊應該選擇一種可以提供教育價值、並且專注於容易實現的方法。這允許團隊將安全基礎知識納入其日常工作和初始決策，並將安全知識逐漸融入到團隊文化中，使其成為整體開發方法的固有部分。

第二階段：任命一位專責安全的負責人

團隊若採用比較具備架構化的威脅建模方法可能會更容易帶來成功。但是這種方法需要更有經驗的安全從業者來指導團隊，以達到細部分工和行動導向的結果。

第三階段：團隊所有成員都平等地承擔產品安全

團隊可以轉向為更加「以某種記錄方式為導向」的方法：例如對於那些已經被識別出的風險，我們採取了立即減輕其影響範圍並將它記錄為「我們認為這件壞事可能會發生」的措施。或者，組織可能會想出另一種純手工的方法，可以在各個產品團隊中使用，並且可以根據組織的需求進行微調。

無論你和你的團隊現在處於哪個階段，你都需要考慮一種威脅建模方法，以幫助你將當前的安全狀況提升到一個新的水平。你的方法應該與當前使用的任何開發方法兼容，並且還應該考慮到你可能擁有或能夠獲得的任何資源。

Adam Shostack，威脅建模大師兼該領域的主要支持者之一，曾說過一句名言：「一個好的威脅模型能夠產生有效的發現」[2]。好的威脅模型和壞的威脅模型之間的區別，在於好的威脅模型具有有效的發現。什麼是**有效發現**？它是關於系統安全狀態的結論、觀察或推論。該發現是及時且相關的，並且可以轉化為行動，使你能夠減輕可能的漏洞，記錄一段特定於系統的知識，或驗證系統的潛在脆弱方面是否已被評估並發現是「可以接受」的程度。

Shostack 的另一個基本貢獻是四個問題框架（*https://oreil.ly/g0zx8*），它對確定如何威脅模型非常有幫助。

我們來逐一檢視這四個問題：

執行威脅建模的團隊都在忙些什麼？

了解系統現在**是什麼**以及它**需要什麼**，也就是它的發展方向。

2 釋義：我們（包括 Adam！）不記得它是在哪裡第一次被提到的，但它值得被重複提及，因為它是真的。

會出什麼問題？

根據對系統的組成和目標的理解，思考什麼東西可能改變系統的機密性、完整性、可用性、隱私性以及任何其他系統定義與安全相關的屬性，並總結這些干擾的因素。

當識別出風險時，團隊該怎麼辦？

我們可以採取哪些緩解措施來減輕我們在上一個問題中確認出的問題？我們能否更改設計、添加新的安全控制，或者完全刪除系統中更易受攻擊的部分？或者我們是否應該接受系統運行地點和執行方式的風險，並將其計入經營成本？

團隊是否有確實做好威脅建模工作？

雖然自省團隊工作，並不是威脅建模本身的目標之一，但對於評估實踐結果整體是否成功，仍然很重要。回顧並了解威脅建模練習如何反映系統的安全態勢非常重要：我們是否確定「可能出問題的地方」並對「我們採取的措施」做出正確的決定（即，我們是否有效地減輕風險的威脅）？透過結束循環威脅建模過程、並了解我們在威脅建模方面的表現，我們才能夠衡量如何應用所選擇的建模方法，確認是否需要改進它，以及我們將來應該更關注哪些細節。

這四個問題應該足以幫助你決定你的威脅建模工作是否會成功。如果你選擇的方法及其使用方式都無法讓你對這些問題的答覆感到滿意，那也許換一種方法會比較好。

那麼，你如何著手尋找適合你情況的方法呢？不要猶豫，請選擇一種方法並親自嘗試；如果你覺得選擇的方法沒有效，請選擇另一種再繼續嘗試，直到找到一種有效的方法或某個方法可以適應你的需求為止。一旦你有了一些個人經驗，你就可以輕鬆地客製化或自定義現有方法，使其更適合你的團隊和組織。

請注意，在威脅建模過程中，組織文化和團隊成員彼此間的文化差異至關重要。正如我們之前所說，出於各種原因，對一個團隊有效的方法可能對另一個團隊無效，你應該考慮到這一點，尤其是跨國企業。相較於自行建立專屬的威脅建模解決方案，對於某些人而言，諮詢專家以獲取建議，可以來得較為輕鬆。雖然自行建立威脅建模解決方案可以較為彈性，使其更適用於系統；但若團隊僅想知道「系統可能會出現什麼問題」，那麼採用專家所提供的檢查清單或基於威脅目錄的方式，亦可以得到預期的結果。採用安全專家（請參閱以下說明）與團隊攜手合作的方法可以有效緩解這些安全問題，因為安全專家可以顯著減少「**可能出錯的地方**」中的許多可能性所造成的任何不確定性風險。

當我們說*安全專家*時，指的是那些接受過必要培訓和經驗，並且能夠在需要時提供知識、指導和支持的人。安全專家可能帶來的能力範圍將取決於具體情況，但可能包括扮演對手的角色，或確定其他研究領域供團隊自行跟進和學習，或呼籲其他專家為特定問題帶來他們的專業知識。在進行威脅建模時，專家應該具有經驗和知識來證明對所分析系統的可信賴結果。

試著問問兩位威脅建模專家他們喜歡什麼樣的威脅建模方法，你可能會得到三個不同的答案。當你累積了一些威脅模型經驗，特別是如果你在相同的技術領域工作夠久的時間，你就會開始對事情發生（或不發生）的地方、和事物應該（或不應該）看起來如何有某種程度的直覺，並將這種依據直覺的方法應用於你的威脅建模。儘管安全專家、安全架構師和其他專業人員對建模流程的重要性已廣為人知，但他們仍屬稀有品種，能接觸這些專家、並讓他們對每個威脅模型進行專業處理的組織並不多[3]。

威脅建模方法的另一個重要問題是，有些人會錯誤解釋*威脅建模*這個用詞。例如，很多時候僅執行威脅誘發的方法與完整的威脅建模方法被混為一談。有時，風險分類方法也被歸入威脅識別的類別，但這種只關注威脅識別的方法將建立一個可能威脅的目錄並止步於此。而完整的威脅建模方法將對這些威脅進行排序，了解哪些威脅與你手頭上的系統相關，並給出應首先解決的路線圖。換句話說，威脅識別方法加上風險分類方法等於完整的威脅建模方法。我們應該試著牢記這一點，並從實際工作的角度介紹這些方法，即使理論與實戰間存在正式的定義差異，這些方法也被業界相關從業者普遍採用。

透過濾鏡、多重角度和棱鏡觀察

你可以透過多種方式將系統轉化為具有代表性的模型，根據你感興趣的觀點將整體分解為部分。在威脅建模中，有三種主要方法已被確立，它們有助於清楚地強調顯示系統中可能存在的威脅，主要透過問一個簡單的問題來做到這一點：「可能會出什麼問題？」

3 這是你在決定方法時應牢記保持彈性的另一個原因！

以系統為中心的方法

以系統為中心的方法可以說是威脅建模中最普遍的方法，尤其是在手動進行威脅建模時，你將在本書中反覆地看見我們使用這種方法來進行範例說明，部分原因是因為它最容易示範。該方法將整體系統分解為一組功能部分（軟體和硬體元件），以及這些元件間如何互動考慮在內，還考慮了與系統及其元件互動的外部使用者和元素。這種方法通常用資料流向圖（DFD）表示，它顯示數據在系統運行期間如何通過系統（並使用我們在第 1 章中強調的建模約定成俗慣例）。這種方法通常也稱為以架構或設計為中心。

以攻擊者為中心的方法

在這種方法中，建模者（你）採用攻擊者的角度來確認系統中的漏洞如何使攻擊者能夠根據他們的動機（如，國家級駭客想要提取機密資訊）採取行動以達到他們的目標（「他們的目標：例如讀取系統中的機密資訊。」）。這種以攻擊者為中心的方法通常使用攻擊樹（也在第 1 章中重點介紹）、威脅目錄和列表，並且根據攻擊者可用的動機和資源來識別系統中的入口點。

以資產為中心的方法

顧名思義，以資產為中心的方法側重於應該保護的重要資產。在對照並列出所有涉及的資產之後，將在攻擊者可訪問性（例如，讀取或竄改資產）的情境中檢查每個資產，以了解可能相關的任何威脅以及它們如何影響整個系統。

我們在本章中說明的上述方法都包含其中一種或多種實行方式。

最後是方法論！

為了對這些方法進行一個隨意的概述，我們決定對每一個方法都應用一個不科學的指標。我們無意將它們相互對立比較，只是為了幫助你了解這些方法在各自類別中我們推薦的有用程度表現。這些值反映出我們的個人經驗和對每種方法的理解，而不是任何形式的民調或數據蒐集的結果。我們將使用 0 到 5（0 表示「還好」，5 表示「幾乎是」）來衡量以下屬性：

容易上手的

開發團隊能否在沒有重要安全專業知識的情況下獨立使用此方法？他們能做對嗎？是否有可用的資源供他們在遇到困難時參考？例如，基於威脅資料庫的方法可能比開放式方法更易於訪問獲取知識，並且希望藉此方法團隊能夠了解所有關於攻擊向量和技術的知識。

可擴展的

相同的方法可以應用於同一組織中的許多團隊和產品嗎？在這種情況下，可擴展性是一種流量函數——能夠使用這種方法的團隊成員、安全人員或其他人員越多，可以被分析的系統模型就越多。當只有專門從事安全工作的人員知道如何使用該方法時，可擴展性就會受到影響，因為它會最大限度地減少流量並產生依賴於專家的瓶頸，這也導致安全技術債增加。如果一個組織流程繁重並且未能執行威脅模型，導致專案進度被耽擱，那麼你可能會「錯過機會」將威脅建模作為系統開發生命週期的一部分。

具教育性的

它是否聚焦在教學，而不是強制糾正感知到的違規行為（稽核）？威脅建模練習能否提升團隊的整體安全理解和文化？

有用的

這些發現對系統和安全團隊是否有用且適用？該方法是否反映出對建模系統實際重要的內容？換句話說，該方法是否符合威脅建模過程的目的？在這種情況下，*重要性*和*目的*是主觀的，取決於具體情況：

- 你能否從威脅建模練習的結果中獲得價值——根據相關發現，或將多個利益相關者（例如，安全、隱私和工程）聚集在一起？你能否透過 DevOps 管道或全部既有的方式一併管理它，或者甚至從現存的威脅模型來管理它？
- 該方法是否使描述系統更容易、更清晰？

- 它是否有助於團隊識別弱點和威脅？
- 它是否生成良好的報告並幫助團隊管理問題？

敏捷的

: 該方法是否會拖累產品團隊的開發速度？它會使威脅模型成為消耗資源的事（與它產生的好處相比），還是它實際上有助於產品的持續安全開發？該方法是否允許在威脅建模期間進行更改？

代表性的

: 系統的抽象表示與系統實際面的相比如何？結果是否真實反映了系統實作的情況？

不受限制的

: 一旦對「常見的可疑之處」進行了評估，該方法是否支持或可能帶來進一步探索或識別其他可能的缺陷？

我們將對每種方法的每個類別進行分級，並提供簡短的解釋。同樣，這不是科學研究的結果（儘管在可能的情況下，我們有參考和引用了學術研究），而是主要基於我們的經驗和理解的結果，歡迎你一同來討論這些觀點（請在網站 *https://www.threatmodeling.dev* 開啟一個 issue）。

這絕不是所有現存方法的目錄，但我們試圖在處理問題的方式上，涵蓋所有可能性。我們還想介紹跨越不同行業的方法，包括軟體開發、政府採購、企業風險管理、學術界、需要評估和最小化系統風險的其他領域。其中我們談及的一些方法是最新的，而另一些則接近過時，但每種方法都表達了威脅建模科學的重要方面[4]。我們試圖在選擇更流行的方法時，兼顧具有代表性和全面性，這些方法已被廣泛應用，並且通常被認為在其提出的目標中有效。在介紹這些方法時，我們為任何誤解向作者道歉——任何錯誤都是基於我們對它們的理解。

我們不提供對每種方法的深入探索，但我們對每種方法的描述足以讓你了解它的要點。我們還提供參考資料，給你一個起點來研究我們介紹的任何方法。在適用的情況下，我們會指出方法的獨特性或給出我們個人的解釋。你絕對應該質疑我們的解釋，並對我們在此討論的方法建立你自己的看法。

4 你可以看到一個不同的列表，比較了 12 種現有方法，作者是 CMU 軟體工程學院的 Natalya Shevchenco（*https://oreil.ly/j9orI*）。

STRIDE

可以肯定地說，STRIDE 在威脅建模方法和工具的萬神殿中，取得某種獨特的地位，儘管它本身更像是一種威脅分析和分類方法，而不是威脅建模本身（在過去的幾年中，將 STRIDE 視為一個框架而不是一個完整的方法論已經變得很普遍[5]）。因此，本章節首先來談論它，是一件很合理的事情。

STRIDE 於 1999 年在 Microsoft 被正式化賦予存在，首次公開提及它則來自 Loren Kohnfelder 和 Praerit Garg 的論文「我們產品面臨到的威脅」[6]：

> *所有 [Microsoft] 產品都應使用 STRIDE 安全威脅模型來識別產品在設計階段容易受到的各種威脅。並且威脅是根據產品的設計來識別的。*

這就是 *STRIDE* 的含義：

S：欺騙（*Spoofing*）

欺騙威脅代表攻擊者可以模仿系統元素的身分，這可能是另一個用戶、另一個系統或另一個程序。欺騙還假定擁有元素在系統中的權限。

T：竄改（*Tampering*）

竄改威脅藉由（任意、有意或無意）使得系統操縱的數據或功能發生變化，導致直接影響完整性。

R：否認（*Repudiation*）

對於每一個操作，當系統能夠百分之百確認該操作是由具備執行權限的使用者，遵照一定的要求和執行時間而進行的，那我們會說這個操作具有不可否認性。與竄改不同，攻擊者能藉此類威脅令系統內已經發生的某些操作無效化，和否認特定使用者發起的系統變更。

I：資訊披露（*Information disclosure*）

此類威脅是指那些本應受到限制和控制的資訊，被洩漏到其指定的信任邊界之外，從而威脅到系統機密性。

5 Adam Shostack，「我們產品面臨到的威脅」，Microsoft，*https://oreil.ly/n_GBD*。

6 Loren Kohnfelder 和 Praerit Garg，「我們產品面臨到的威脅」，1999 年 4 月（.docx 文件），*https://oreil.ly/w6YKi*。

D：阻斷服務（*Denial of service*）

這類型的威脅與系統的可用性屬性相違背，包括使系統不可用或其性能下降到干擾其使用的程度。

E：權限提升（*Elevation of privilege*）

這些威脅非常值得被專屬歸納為一種類別，因它涉及系統的資源授權機制，和攻擊者獲得相較於一般用戶更高級別權限的目標（可能沒有）。

粗略閱讀列出的類別，很容易看出，雖然它們很好地涵蓋了系統可能遭受的威脅類型，但它們缺乏足夠的定義，來完美地將所有可能的威脅強制納入特定區域。這就是 STRIDE 的不足之處。事實上，如果我們退後一步，以批判的眼光來看，就會發現只要已經識別並提出一個特定的威脅，那麼，是否將其歸類到某個 STRIDE 的類別中，就不是那麼重要了——但換個角度來看，模擬兩可的威脅類別定義，會嚴重影響我們正式評估與該威脅相關的風險的方式。

STRIDE 的另一個更緊迫的問題是，為了充分利用它，產品團隊或從業者需要了解什麼類型的威脅有可能會發生，以及該威脅如何透過被利用而成為漏洞。例如，如果開發人員不知道利用特權程序中的緩衝區溢出來運行任意程式碼，是可能的攻擊手法，則很難將「記憶體損壞」歸類為這些可能的威脅之一：

1. 透過運行任意程式碼提升權限
2. 竄改是指攻擊者能夠任意更改保存數據的記憶體地址
3. 阻斷服務是指記憶體損壞「僅僅」導致程序崩潰而沒有正確執行程式

作為開發團隊的一員，你在執行威脅分類時被要求「像駭客一樣思考」，但你可能缺乏必要的知識或接受過相關培訓，因此在涉及安全性時很難跳出框框思考。這使得你很難將範例聯想到你自己的系統相關的實際問題，這是可以理解的。但遺憾的是，STRIDE 並沒有提供指導框架。

STRIDE 從系統的表示式開始，可以幫助你檢查其特性。而最常見的表示系統方式是創建一個資料流向圖（DFD），它包含系統的各個部分（元素）、各組件間的相互通訊（資料流），以及將具有不同信任值的系統區域分開的信任邊界，如圖所示 3-1 和 3-2，也如第 1 章所述。

在圖 3-1 的基本範例中，我們看到三個信任邊界，由分別框住 Alice、Bob 和密鑰儲存庫的方框表示。這種表示是一個 pytm 開源專案（參見第 4 章）的生成物；信任邊界通常由跨越它們的資料流的單條直線來表示。實際上，信任邊界將這個系統分為三個信任區域：Alice 和 Bob 各為不同的用戶，以及密鑰儲存庫，它需要另一個信任級別才能訪問。

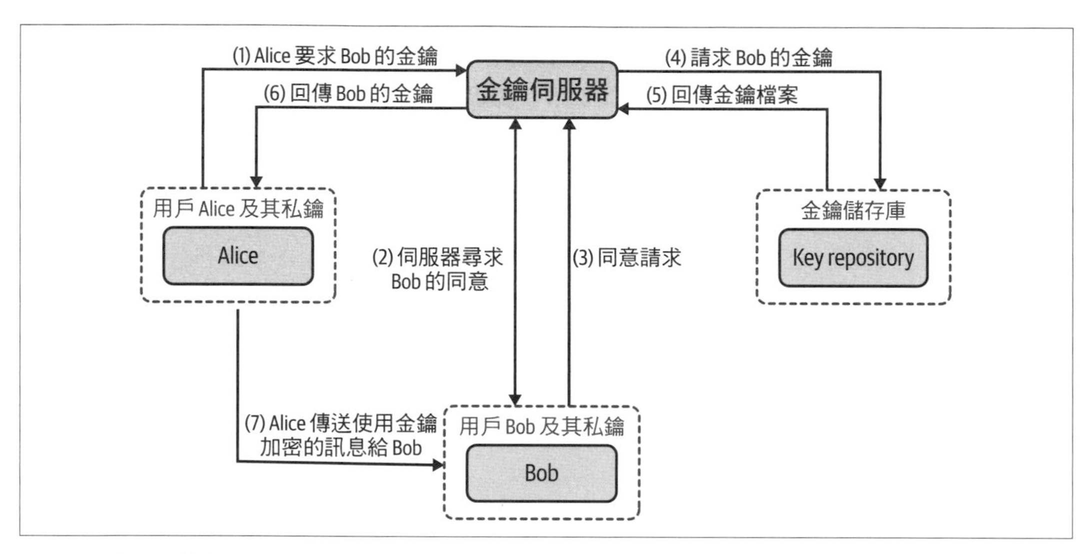

圖 3-1　簡單系統的 DFD 表示：簡易的訊息加密流程

因為威脅識別取決於 DFD 的完整性，所以創建一個簡單但盡可能完整的 DFD 很重要。正如你在第 1 章中看到的那樣，一個簡單的正方形符號系統代表外部元素，圓圈代表過程（雙圓圈代表複雜過程），雙線代表數據儲存，箭頭線段代表資料流，這些符號足以表達理解系統所需的大部分內容，但也不排除使用其他符號來使圖表更具代表性。事實上，在 pytm 開源專案中，我們擴展符號集以包含專用的 lambda 符號，而這增加了圖表的清晰度。此外，資料流使用的協定類型，或在哪種作業系統上執行的特定程序，這一類的註釋，有助於進一步闡明系統的各個方面。但不幸的是，它們會使圖表過於擁擠且難以理解，因此平衡使用很重要。

將 STRIDE 擴展到完整的威脅建模方法中，然後成為創建威脅分類（根據首字母縮寫詞）、對所有已識別威脅的風險進行排名（請參閱〈導論〉以了解嚴重性和風險評級選項），然後建議緩解措施，以消除或降低每種威脅風險的活動（見圖 3-2）。

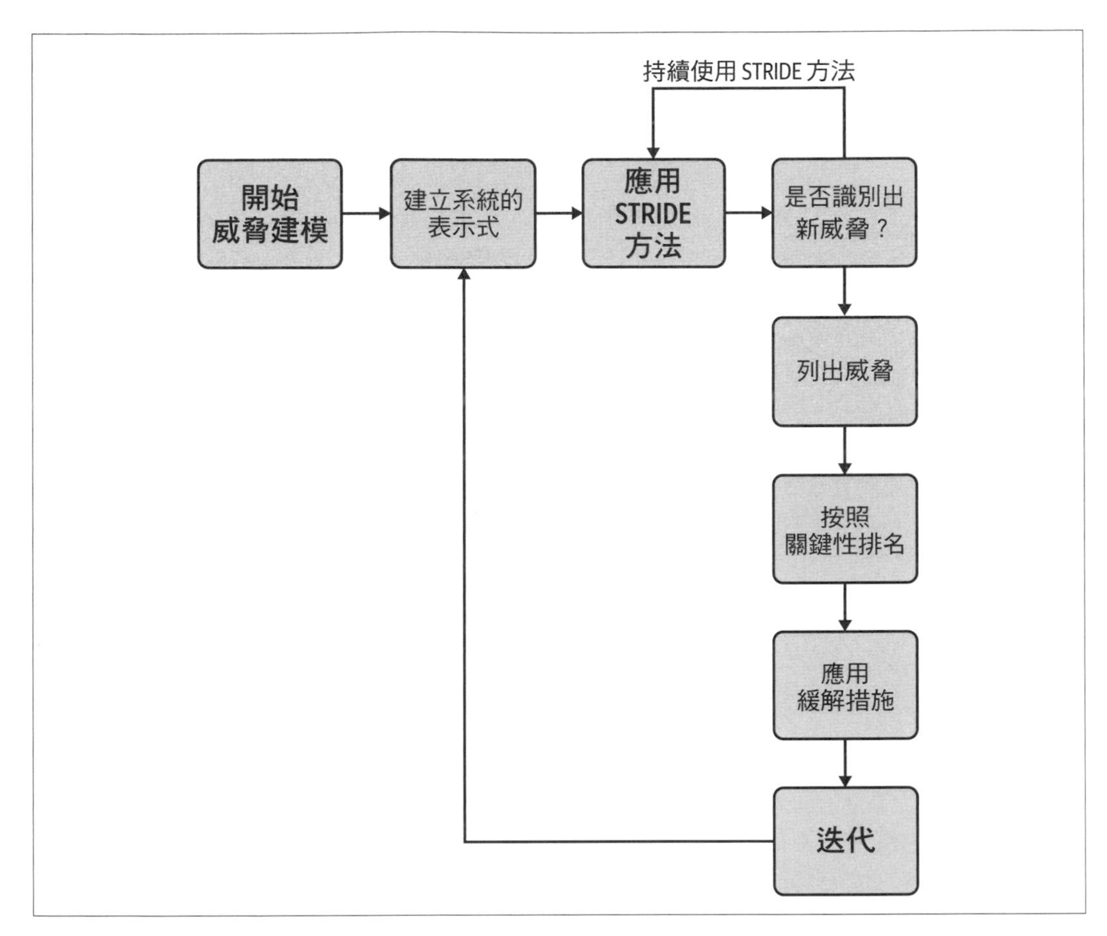

圖 3-2 STRIDE 工作流程

例如，使用圖 3-1 中的 DFD 表示網絡論壇中的評論系統，我們就可以識別一些基本威脅（伴隨一些假設）：

欺騙

用戶 Alice 在提交請求給伺服器時，伺服器可能會被欺騙，因為沒有跡象表明用戶在提交請求時已通過系統身分驗證。這可以通過創建適當的用戶身分驗證方案來緩解。

竄改

金鑰伺服器和金鑰儲存庫之間可能會發生竄改。攻擊者可以經由模擬其中一個端點（可能延伸為端點冒充或捕獲敏感資訊）來攔截通訊，並更改正在處理的金鑰二進位物件檔（Blob）的值。這可以通過在 TLS 上建立雙向認證的通訊來緩解。

否認

攻擊者可以直接訪問儲存金鑰的資料庫，進而添加或更改金鑰。攻擊者還可以將金鑰分配給無法證明他們沒有更改密鑰的用戶。緩解措施可以是透過紀錄系統操作，以及在金鑰創建之初即對金鑰作雜湊處理，並存於另外的獨立系統，而這個獨立系統與金鑰伺服器是不同的信任訪問等級以保護金鑰。

資訊披露

攻擊者可以藉由觀察 Alice 和金鑰伺服器之間的流量，進而確定 Alice 正在與 Bob 通訊。即使無法訪問訊息的內容（因為駭客沒有遍歷該系統），了解雙方何時進行通訊也具有潛在價值。一種可能的緩解措施是在系統內使用特殊的識別碼以掩蓋 Alice 和 Bob 的身分，因此它們將具有短暫的意義，並且在資訊被觀察到的情況下無法推導出來——當然，還建議對通訊渠道進行加密 TLS 或 IPsec。

阻斷服務

攻擊者可以創建一個自動化腳本，來同時提交數千個隨機請求，使金鑰伺服器過載，並拒絕為其他合法用戶提供適當的服務。這可以透過對會話機制，加入流量限制和網絡級別的流量管理來緩解。

權限提升

攻擊者可能會使用資料庫管理系統中類似 `exec()` 這個在資料庫特權級別的功能（可能高於普通用戶）於伺服器中執行指令。這可以透過強化資料庫和減少它在運行時擁有的特權，以及驗證所有輸入、使用預先準備好的資料操作語句和對象關係映射（ORM）訪問模式來緩解，以防止 SQL 注入問題。

Brook S.E. Schoenfield 強調 STRIDE 有一個重要觀點：請記住，一種技術可以用於系統中的多個元素。在執行 STRIDE 時，重要的是要強調潛藏的威脅，如果確定了系統內隱含一個問題（例如，一個欺騙實例），代表系統的其他部分可能會出現相同的問題，無論是透過相同的攻擊向量或另一種攻擊手法。如果不這樣想，將是一個嚴重的錯誤。

在我們的（不科學的）分級參數下，STRIDE 表現如何？見表 3-1。

表 3-1 STRIDE 和我們的分級參數

參數	分數	解釋
易使用的	2	一旦有了框架，許多團隊就能夠執行它並取得不同程度的成功，這取決於他們之前對安全原則的了解。
可擴展的	3	雖然同一組織中的許多產品和團隊都可以使用該框架，但其使用效果因團隊而異。
有教育意義的	3	該框架為你和你的團隊提供許多發展資訊安全教育的機會，並且在活動結束之後，使得該團隊可能比開始之初獲得更多的安全知識，但前提是安全從業人員可以提供幫助。
有幫助的	4	根據其類別的定義，STRIDE 最適合應用在軟體系統上；從這個角度出發，若團隊將 STRIDE 用於自身的軟體系統上，將可獲得有用的結果並可專注於解決當下的威脅。
敏捷的	2	當許多團隊成員可以同時參與並使用同一組假設時，STRIDE 的執行效果最好。它也有助於讓安全從業者在場領導討論，同時將注意力集中在整個系統上。從這個意義上來說，STRIDE 不適合敏捷流程，並且被一些組織視為資源消耗大。
代表性的	2	當系統的表示式完整並且可用時，STRIDE 框架才能正式派上用場。但正如我們在上述「敏捷的」的討論，在追蹤軟體開發過程進展時它確實存在問題。可能必須付出與建構初始威脅模型不同的努力，以確保生成的威脅模型，正確對應於系統在其開發過程中經歷的變化。
不受約束的	5	談到如何處理威脅所帶來的影響，該框架對威脅的來源或你必須使用哪些角度來探索系統，都沒有任何限制。你可以無偏見地自由探索系統，根據你自己的經驗和研究生成威脅。從這個意義上來說，STRIDE 是不受約束的。

STRIDE per Element

STRIDE 的優點之一是它不受約束，不幸的是，這也是它的主要缺點之一，尤其是當沒有經驗的團隊或從業者使用時，很容易陷入「我是否考慮過所有事情」和「可能會出錯的地方」的可能性中，而永遠無法達到可接受的「完成」狀態。

STRIDE per Element 是 STRIDE 的一個變形，由 Michael Howard 和 Shawn Hernan 開發，它透過觀察某些元素是否比其他元素更容易受到特定威脅，來加以規範 STRIDE 解決其缺乏約束的問題。例如，考慮外部實體（如用戶、管理員或外部系統）提供一組不同服務給系統。與相連的資料流相比，系統更容易受到此外部實體的欺騙（如攻擊者獲取外部實體身分而扮演它）。事實上，外部實體通常會受到完全不同的安全措施約束，甚至可能具有更高的安全態勢。另一方面，資料流比外部實體更容易受到竄改其內容的攻擊。

如圖 3-3 所示，STRIDE per Element 限制了針對特定元素類別的一系列攻擊手法，並相當側重於對可能威脅的分析。經由這種方式，它的開放性大大低於原來的 STRIDE。

不同的威脅影響每種類型的元素

元素	S	T	R	I	D	E
外部實體	✕		✕			✕
程序	✕	✕	✕	✕	✕	✕
數據儲存		✕	✕	✕	✕	
資料流		✕		✕	✕	

圖 3-3　STRIDE per Element 圖表（來源：*https://oreil.ly/3uZH2*）

在與 Brook S.E. Schoenfield 討論相關議題時，他根據自己的經驗指出 STRIDE per Element 有另一個缺點：威脅模型不是可加的；你不能將兩個或多個威脅模型拼湊在一起，然後將其視為整個系統的威脅模型。從這個意義上說，即使 STRIDE per Element 提供了許多優點，也已經完全地表示系統的運作模樣，但亦可能會導致在分析過程中忽略系統的全局觀點。

STRIDE per Element 允許你的團隊更關注單個元素而不是整個系統。團隊中的一小部分人可以在開發過程中只關注這些成員元素，並有「小型威脅建模」會議來關注這些威脅。因此，可擴展性、敏捷性和代表性分數也上升，分別變為 4、3 和 4（見表 3-2）。

表 3-2　STRIDE per Element

參數	分數	解釋
易使用的	2	一旦有了框架，許多團隊就能夠執行它並取得不同程度的成功，這取決於他們之前對安全原則的了解。
可擴展的	4	雖然同一組織中的許多產品和團隊都可以使用該框架，但其使用效果因團隊而異。
有教育意義的	3	該框架為你和你的團隊提供了許多發展資訊安全教育的機會，並且在活動結束之後，使得該團隊可能比一開始時獲得更多的安全知識，但前提是安全從業人員可以提供幫助。
有幫助的	4	根據其類別的定義，STRIDE per Element 最適合應用在軟體系統上；從這個意義上來說，團隊將獲得適用於其系統的有用結果，並專注於當時團隊認為相關的威脅。
敏捷的	3	STRIDE per Element 比 STRIDE 高一分，因為它關注元素的特定特徵，使團隊更有效率能夠覆蓋更多領域。
代表性的	3	出於與上述「敏捷的」相同原因，STRIDE per Element 比 STRIDE 高一分，因為專注於特定元素可以更真實地呈現當前形式的系統。
不受約束的	3	STRIDE per Element 將這個分數修改為 3，因為它在某種程度上綁定了每個元素將受到的影響，為你提供一個更小的可能性集合。

STRIDE per Interaction

當 Microsoft 公開其 Microsoft 威脅建模工具（*https://oreil.ly/sbhWK*）時，它是基於 STRIDE 的變體，稱為 STRIDE per Interaction。這種 STRIDE 方法由 Microsoft 的 Larry Osterman 和 Douglas MacIver 開發，試圖將威脅識別為模型中兩個元素之間交互行為的函數。

例如，在此框架中，外部程序（假設是客戶端發送請求給伺服器之情境）具有「向伺服器發送數據」的互動行為。在這種情況下，「客戶端向伺服器發送數據」的互動可能會受到欺騙、否認和資訊洩露威脅，但不會受到特權提升。另一方面，伺服器可以從程序中獲取輸入值，在這種情況下，「客戶端從伺服器接收數據」的互動只會受到欺騙威脅。例如，伺服器可能是聲稱自己是真實伺服器的冒名頂替者，這就是通常所說的中間人攻擊。

包含每次交互的所有可能威脅類別的圖表非常廣泛，超出我們在這裡的需求範圍。如需完整參考，請參閱 Adam Shostack（Wiley）的**威脅建模：安全設計**，第 81 頁。

STRIDE per Interaction 比較結果等同於我們的 STRIDE per Element 結果。

攻擊模擬和威脅分析流程

攻擊模擬和威脅分析流程（*PASTA*）是一種「以風險為中心的威脅建模方法，旨在識別針對應用程序或系統環境的可行威脅模式」，由 VerSprite Security 的 Tony UcedaVélez 和 CitiGroup 的 Marco Morana 博士於 2012 年共同撰寫[7]。對這種方法的真正深入探討超出本書的範圍，感興趣的讀者可以進一步參考 UcedaVélez 和 Morana（Wiley）所撰寫的 *Risk Centric Threat Modeling: 攻擊模擬和威脅分析流程*一書。

PASTA 是一種以風險為中心的方法。它從與環境相關的參照開始，接著是對應用程序及其組件、底層基礎設施和業務上的數據等固有的重要環節，它量化了可能影響業務或系統的風險（這裡指的是第 1、2 和 7 階段；請參閱第 1、2 和 7 階段的階段定義）。第 3-6 階段與正在尋求了解固有設計缺陷、使用者案例、權限、隱式信任模型、呼叫流程的架構、開發團隊和應用程序安全專業人員更相關。

PASTA 重新詮釋了我們目前使用的一些術語，如表 3-3 所示。

表 3-3　PASTA 術語

術語	在 PASTA 內的意義
資產	對企業具有內在價值的資源。這可能包括： — 企業使用、交易或需要的資訊 — 企業的應用程序所依賴的硬體、軟體、框架、程式碼庫 — 企業的聲譽
威脅	任何可能對資產產生不利影響的事物。
弱點 / 漏洞	利用什麼攻擊手法以進入系統，是有形的問題（如配置不當的防火牆、雲端服務元件、第三方框架或 RBAC 模型）還是糟糕的業務邏輯或工作流程（例如缺乏財務監督的支出）。
使用案例	系統的預期設計行為。
濫用案例	操弄正常使用方式以產生別有用心的用戶動機（例如，繞過既有機制、注入、資訊洩露等）。
使用者	任何能夠執行或使用濫用案例或使用案例的東西（指人或物）。
攻擊	針對目標資產的威脅動機，藉由利用漏洞 / 弱點的任何行動。
攻擊向量	針對目標資產的威脅動機，藉由利用漏洞 / 弱點的任何行動。
對策	針對弱點提出的緩解措施，以降低攻擊成功機率。

7　Tony UcedaVélez，「Risk-Centric Application Threat Models,」VerSprite，2020 年 10 月開放存取，*https://oreil.ly/w9-Lh*。

術語	在 PASTA 內的意義
攻擊面	所有可能的攻擊向量的集合，包括邏輯的和物理的。
攻擊樹	一種表示威脅、目標資產、相關漏洞、相關攻擊模式和對策之間關係的方法。使用案例可以作為與資產關聯的元數據，而濫用案例同樣可以作為攻擊模式的元數據。
影響	攻擊造成的損害的直接或間接經濟價值。

PASTA 透過實施一個七階段過程，來使用這些「成分」（雙關語）來量化對應用程式和企業的影響：

1. 定義業務目標
2. 定義技術範圍
3. 分解應用程式
4. 執行威脅分析
5. 偵測漏洞
6. 枚舉攻擊
7. 分析風險和受到的衝擊

讓我們簡要地看一下這些步驟，看看它們如何將定義構建到流程中。請注意：這些絕不是對該過程、其產出物及其使用的詳盡解釋。到本說明結束時，你將對 PASTA 有一個基本的了解。

定義業務目標

*定義業務目標*階段的重點，是為威脅建模活動設置如何評估風險的環境，因為了解應用程式或系統所支持的業務目標，可以更好地了解影響的風險變量。當你定義業務目標時，你亦捕獲了目標範圍內的分析和風險管理的需求。需求清單、安全策略、合規性標準和指南等正式文檔，可幫助你將這些操作劃分為如下子活動：

1. 定義業務需求。
2. 定義安全性和合規性要求。
3. 執行初步業務影響分析（BIA）。
4. 定義風險概況。

此活動的輸出包括業務影響分析報告（BIAR），它是對應用程式功能的描述和業務目標列表，並受上述子活動中定義的要求所約束。

例如，在 PASTA 活動中，如果將創建用戶社群論壇作為一個業務目標，則提供使用個人資料以註冊論壇用戶，將是一項功能需求，而儲存 PII 的安全性需求將被計入 BIAR 內。

PASTA 活動需要有熟悉業務流程、應用程式需求和業務風險態勢等知識的參與者，因此需要請求產品負責人、專案經理、業務負責人甚至 C 級主管參與該活動。

可以肯定地說，在這個階段，重點是為其餘活動建立基於治理、風險和合規性（GRC）的理由，其中包括安全策略和標準、安全指南等。

定義技術範圍

*定義技術範圍*階段的正式定義是「定義威脅，枚舉將隨之而來的技術資產 / 元件的範圍」[8]。高階概要設計文件、網絡和部署圖表以及技術需求（程式庫、平台等）用於執行這些子活動：

1. 枚舉軟體組件。
2. 確定使用者和資料來源：數據在哪被創建及其來源與數據匯集的位置；它存放在哪。
3. 枚舉系統級的服務。
4. 枚舉第三方軟體和基礎設施。
5. 聲明安全技術設計的完整性。

此分析將生成系統中涉及的所有資產的列表、它們的部署模式以及它們之間的依賴關係，並且將允許從較高的角度對系統進行端到端概述。

例如，在一個簡單的 Web 應用程式中，寫入資料至託管在雲端服務提供商的資料庫，我們在這個階段得到的分析可以像下面這樣簡單：

- 瀏覽器：任意
- 網頁伺服器：Apache 2.2
- 資料庫：MariaDB 10.4
- 使用者：用戶（透過瀏覽器），管理員（透過瀏覽器，主控台）

8 Tony UcedaVélez，「使用 PASTA 方法論的真實世界威脅建模」，*https://oreil.ly/_VY6n*，24。

- 資料源：用戶（透過瀏覽器，匯入（透過主控台））
- 資料接收端：資料庫，日誌接收器（透過雲端服務提供商）
- 所使用的協定：HTTP, HTTPS, and SQL over TLS
- 系統層級的服務：在使用 CIS Benchmarks（https://oreil.ly/4ae7Y）進行安全強化的雲端服務上運行 Fedora 30 映像檔
- 此時，系統被認為是足夠安全的

分解應用程式

在**分解應用程式**過程中，你必須識別並列舉所有正在使用的平台、技術及其所需的服務，直至實體層安全和管理軟、硬體的流程。以下是子活動：

1. 枚舉所有應用程式的使用者案例。
2. 為已識別的組件構建資料流向圖[9]。
3. 執行安全功能分析並使用系統中的信任邊界。

在這個階段，PASTA 認為濫用案例可能演變成許多不同的攻擊。請注意，我們之前討論的 DFD 在此階段也起著核心作用，它透過不同組件之間的資料流以及它們如何跨越信任邊界來映射不同組件之間的關係。

這些 DFD 將前一階段（第 60 頁的「定義技術範圍」）中列出的項目聯繫在一起，形成系統的內聚表示。參與者、技術組件和系統中的所有元素，開始表現出可以透過濫用案例進行測試的安全態勢。經由首次在流程中設置信任邊界，資料流開始表達它們如何容易受到濫用，或者某些濫用案例如何不適用於系統。

除了資料流之外，分解活動還深入到系統的最小細節，這種分解方式很多時候與「定義技術範圍」相混淆。例如，一個系統可能期望在基於 Intel 處理器的某個品牌伺服器上運轉，這可能會導致許多非預期存在的子系統，這些子系統可能沒有在技術範圍階段得到充分評估。例如，基板管理控制器（BMC）在技術範圍階段可能會被忽略，但在應用程序分解時，它會出現（例如，在列出主機板上的所有子系統時）並且必須進行相應的評估。

9 回想一下我們在第 1 章描述 DFD 時提到的元素；這些元素可以包括系統成分。

執行威脅分析

用其創建者的話來說，「PASTA 不同於其他應用程式威脅模型，它會先以行業別做區分，再進一步地分析該環境中所使用到的技術，以及應用程式運行環境所管理的資料，對這些而言最具可行性的威脅。」[10]，PASTA 的**威脅分析**階段，藉由為你提供識別那些具備可行性的威脅所需的背景，以支持此一聲明。它藉由所有已知的知識來源，來構建與正在建模的系統相關的攻擊樹和威脅資料庫，來做到這一點：

1. 分析整體威脅情境。
2. 從內部來源蒐集威脅情報。
3. 從外部來源蒐集威脅情報。
4. 更新威脅資料庫。
5. 威脅與受影響資產的相互對應。
6. 判斷已識別的威脅的發生機率。

此階段的價值，來自識別那些實際適用且與系統相關的威脅，偏好威脅識別的質量而不是數量。

偵測漏洞

在**漏洞檢測**階段，你專注於識別應用程式中易受風險或易受攻擊的區域。從前面階段蒐集的資訊中，你應該能夠藉由將該資訊映射到之前構建的攻擊樹或威脅庫中，以找到有形和相關的威脅。這裡的主要目標之一，是限制（或消除）針對系統識別出虛假威脅數量：

1. 查看並關聯現有的漏洞資料。
2. 識別架構中的薄弱設計模式。
3. 將威脅對映至漏洞。
4. 提供基於威脅和漏洞的風險分析。
5. 進行有針對性的漏洞測試。

最後，你應該審查系統安全架構，尋找諸如遺失或不足日誌紀錄、未受保護的靜態或傳輸中的資料、身分驗證和資源授權失敗等問題。查看信任邊界以驗證訪問控制是否被正確設置，以及資訊分類級別是否未被破壞。

---

10 以風險為中心的威脅建模：攻擊模擬和威脅分析過程，Tony UcedaVélez，Marco M. Morana，第 7 章。

枚舉攻擊

在**枚舉攻擊**階段，你根據它們轉化為攻擊的機率，來分析你之前識別的漏洞。為此，你使用機率估算，其中涉及發生威脅的機率（請記住，在 PASTA 中，威脅是任何可能對資產產生不利影響的事物）和弱點（這是實現威脅的有形事實或事件）同時存在的情況並且產生影響，為此，需要並透過適當的對策以減輕其影響。

下面是進行枚舉攻擊分析的步驟：

1. 使用威脅情報中的最新條目以更新本地端攻擊資料庫、攻擊向量與控制框架——例如美國電腦緊急應變小組，稱為 US CERT（*https://www.us-cert.gov*）和 CVE（*https://cve.mitre.org/*）——以跟上最新識別的攻擊向量。
2. 確定系統的攻擊面，並枚舉與先前分析相匹配的攻擊向量。
3. 關聯將前面步驟中識別的攻擊場景與威脅資料庫的資訊來分析它們，並透過交叉檢查匹配攻擊情境的攻擊樹中的路徑，來驗證哪些攻擊情境是可行的。
4. 評估每個可行的攻擊情境和遭受到的影響。
5. 推導出一組測試案例來測試現有的對策。

使用先前構建的攻擊樹和威脅資料庫是這個階段的核心，特別是在確定它們如何克服現有資產和控制以產生可能的影響時。在這個工作結束時，你會希望透過測量和了解已識別的每個漏洞被攻擊的機率，來完成此階段。

分析風險和受到的衝擊

在**風險和影響分析**階段，你可以緩解已確定為最有可能導致攻擊的威脅，並透過採用有效且與你系統相關的對策來做到這一點。但在這種情況下，**有效和相關**是代表什麼？該決策是經由以下內容的計算所得出的：

1. 確定每個威脅被實現的風險。
2. 確定對策。
3. 計算剩餘風險：對策在降低威脅風險方面是否做得足夠好？
4. 推薦管理剩餘風險的策略。

你不應自行確定風險。例如，取決於威脅的可能影響範圍，你可能會希望風險評估和治理的專家一同參與決策。你和你的團隊將審查前幾個階段的產出結果（攻擊樹和威脅資料庫、攻擊發生機率等），為每個威脅提出適當的風險概況，並且計算對策的即時性和應用對策後的剩餘風險。一旦了解這些風險後，你就可以計算出應用程式的總體風險狀況，你和你的團隊就可以提出管理該風險的戰略方向。

如果我們查閱 PASTA 的 RACI（誰負責 / 誰批准 / 諮詢誰 / 告知誰）圖[11]，我們可以看到其流程固有的複雜性——至少在涉及的人員 / 角色和他們之間的資訊交流。

我們來看一下第 61 頁的第 3 階段「分解應用程式」及其三個活動：

- 枚舉所有應用程式使用案例（登錄、用戶更新、刪除用戶等）。
  - 誰負責：威脅建模者（由 PASTA 定義的特定角色）
  - 誰批准：部署團隊、威脅建模者
  - 諮詢誰（雙向）：架構師、系統管理員
  - 告知誰（單方面）：管理團隊、專案經理、業務分析師、品質保證團隊、安全維運團隊、漏洞評估管理師、滲透測試工程師、風險評估師、合規性管理師
- 構建已識別元件的資料流向圖。
  - 誰負責：威脅建模者
  - 誰批准：架構師、威脅建模者
  - 諮詢誰（雙向）：部署團隊、系統管理員
  - 告知誰（單方面）：管理團隊、專案經理、業務分析師、品質保證團隊、安全維運團隊、漏洞評估管理師、滲透測試工程師、風險評估師、合規性管理師
- 執行安全功能分析並使用信任邊界。
  - 誰負責：沒有
  - 誰批准：部署團隊、系統管理員、威脅建模者
  - 諮詢誰（雙向）：架構師
  - 告知誰（單方面）：管理團隊、專案經理、業務分析師、品質保證團隊、安全維運團隊、漏洞評估管理師、滲透測試工程師、風險評估師、合規性管理師

11 UcedaVélez，Morana，以風險為中心的威脅建模，第 6 章，圖 6.8。

當然，這些資訊流也出現在其他方法中。此描述提供一個涵蓋專案開發時所需角色的概述。然而，當嚴格遵循該過程時，我們可以看到這些交互如何隨著時間的推移而變得有些混亂。

即使從這個對 PASTA 的簡短和不完整的觀點來看，我們亦可以藉由將我們的參數歸類為一種方法而得出一些結論（見表 3-4）。

表 3-4 PASTA 作為一種方法論

參數	分數	解釋
易使用的	1	PASTA 需要許多角色的持續參與，並需要大量的時間投入才能正確完成。團隊預算可能難以負荷。
可擴展的	3	在同個組織內，許多框架可以且應該在 PASTA 實例之間重複使用。
有教育意義的	1	PASTA 依賴於大多數活動參與「誰負責」或「誰批准」的「威脅建模者」角色。從這個意義上來說，團隊獲得的任何教育好處都來自 PASTA 與最終威脅模型的交互、其發現和建議，因此，它的價值有限。
有幫助的	4	一個執行良好並如實記錄的 PASTA 威脅模型，提供來自多個角度的觀點，包括最具可行性、最可能發生的攻擊和攻擊向量、有用的緩解措施和可接受的風險程度。
敏捷的	1	PASTA 不是一個輕量級的過程，當系統的所有設計和實現細節都事先知道時，PASTA 的表現會更好。想像一下，如果重構元件或引入新技術的話，需要重做多少工作。
代表性的	2	這個有點問題。如果整個設計、架構和實作事先是眾所周知的，並且更改規格是有限的以及在開發過程中有很好地整合，那麼 PASTA 可以提供一些最具代表性的威脅模型。另一方面，如果開發過程完全不是有效的瀑布式開發，那麼開發途中的更改，將導致系統模型可能無法反映完整的、最終的開發狀態。由於現在這種情況很少見，我們選擇以敏捷開發的假設繼續向前往前推進討論。
不受約束的	2	PASTA 的共同作者深入研究 CAPEC（*https://capec.mitre.org*）作為攻擊樹和威脅資料庫的來源，並建議重重地依賴 CVE 和 CWE 威脅情報庫來各自識別漏洞和弱點。對 PASTA 而言，它不太需要考慮特定於某種系統的威脅，其風險計算在很大程度上依賴於先前發現的漏洞。從這個意義上說，這個過程感覺受到約束和限制。

威脅評估和補救分析

威脅評估和補救分析（*https://oreil.ly/EWtgz*）由 Jackson Wynn 等人於 2011 年在 MITRE 時所開發。他將其描述為「可以被描述為聯合權衡研究的評估方法，其中第一個權衡根據所評估的風險來識別和排名攻擊向量，第二個權衡根據評估的效用和成本識別和選擇對策。[12]」自採用以來，它已被美國陸軍、海軍和空軍用於許多評估。

使 TARA 脫穎而出的眾多因素之一是它旨在抵禦中、高層級國家支持的攻擊者，以維持其所謂「任務保證」的系統免遭受攻擊。這種方法假設攻擊者有足夠的知識和資源，來繞過防火牆和入侵偵測等邊界控制，因此該方法側重於當攻擊者越過護城河後，防守方該做什麼。當攻擊者已經進入系統時，系統如何生存並繼續運行？

TARA 專注於傳統系統開發生命週期的獲取階段。作為一項政府資助的活動，它假定開發工作在其他地方展開，並著重於在吸收該系統的機構來進行評估。

在採集期間，執行系統架構分析以構建系統的代表性模型。該模型為針對系統的合理攻擊向量列表（及其相關的緩解措施）提供了基礎，然後根據它們的風險級別對其進行排名，從而生成一個漏洞矩陣。此過程稱為網絡威脅敏感性評估（CTSA）。在 CTSA 階段結束時，應該可以創建一個表來映射 TTP 及其對每個已識別組件的潛在影響。表格的每一行將包含以下內容：

- 目標 TTP 名稱
- TTP 的參考來源（例如正在考慮的攻擊模式，作為來自常見攻擊模式枚舉和分類或 CAPEC 的條目[13]）
- 對於系統中的每個組件，都會有兩個條目：
  - 看起來好像是合理的？——在考慮相關組件時，TTP 是否合理（是、否或未知）？
  - 基本理由？——合理性問題的答案背後，是什麼樣的基本原理或推理？

例如，考慮一個系統組件——區域網絡（LAN）交換器。來自 CAPEC-69（*https://oreil.ly/Wsi17*）的 TTP「在目標上提升權限的程式」，表明可能存在合理性（將在表中標記為「是」），與其推論聲明指出「交換器運行 Unix 風格的操作系統，並且可以執行提升自己權限的腳本和程式。」顯然地，LAN 交換器存在風險。

12 J. Wynn，「威脅評估和補救分析（TARA）」，*https://oreil.ly/1rrwN*。
13 常見攻擊模式枚舉和分類，*https://capec.mitre.org*。

藉由將緩解措施與每個已識別的漏洞相關聯，分析活動會生成一個對策清單，然後根據其有效性和實施成本對這些措施進行排名。該排名的結果是一個緩解對照表，然後透過使用「解決方案有效性表」將其反饋給獲取階段。此表顯示每個緩解措施為系統增加保護的程度，並優先考慮那些增加最大價值和有效性的措施。此分析稱為流程的網絡風險補救分析（CRRA）步驟。

解釋該論文的作者，TARA 類似於其他威脅建模方法，但其獨特性來自其基於緩解措施對照資料目錄，及其用於選擇對策的方式，將整體風險降低到可接受的風險容忍水平[14]。

不管是將其稱為威脅目錄或威脅資料庫（*https://oreil.ly/uz2Ci*）：根據我們的經驗，它指的是完全基於威脅資料庫的一種建模方法，特別是如果這是對被分析系統中過去遇到的問題進行統計分析的結果，分析團隊將本質上創造一種心態是「透過後視分析進行威脅建模」。然而，考慮到技術在不斷變化，並且新的攻擊向量不斷誕生，僅使用已識別威脅的過去歷史作為未來的指南是短視的。毫無疑問地，這樣的資料集作為一種教育工具具有巨大的價值，可以向開發團隊說明過去的問題，設置「不可原諒」的安全問題的參考點，並指導團隊選擇安全培訓。但作為概念性練習，分析可能出現的威脅對你來說很有價值，而不僅僅是像過去所遇到的問題。另一方面，你可以將威脅庫解釋為攻擊樹的另一種方法，在這種情況下，它們被用作起點來導出系統可能受到的進一步攻擊向量和方法。在威脅建模領域，真正的價值在於目錄的使用方式，而不是目錄的存在與否。

TARA 的主要特點如下[15]：

1. 你可以對已部署的系統或仍在其採購生命週期中的系統，執行 TARA 評估。
2. 使用已儲存的 TTP 和對策（CMs）目錄可以提高不同 TARA，來評估之間的一致性。
3. TTP 和 CM 目錄數據來自開源和機密來源，而且可以根據 TARA 評估的範圍進行選擇性分區 / 過濾。
4. TARA 不是一種放之四海而皆準的方法；評估的嚴格程度可以根據需求而調整。
5. TARA 工具集提供預設評分工具，來量化評估 TTP 風險和 CM 成本效益。這些工具可以根據評估範圍和專案需求，而完全訂製或省略。

14 Wynn，「威脅評估和補救分析」。
15 Wynn，「威脅評估和補救分析」。

由於我們使用 TARA 作為基於威脅資料庫的方法範例，因此了解 TTP 和 CM 目錄如何構建和保持最新，以及如何對 TTP 評分以創建排名模型是很有幫助的。

TTP 和 CM 的任務保證工程（MAE）目錄，是基於 MITRE ATT&CK（*https://attack.mitre.org/*）、CAPEC（*https://capec.mitre.org*）、CWE（*https://cwe.mitre.org/*）、CVE（*https://cve.mitre.org/*）、國家漏洞數據庫 NVD（*https://oreil.ly/oCpaU*）及其他開源威脅情報等等[16]，以及專門且機密的來源包括電子戰（使用電磁頻譜攻擊來破壞系統運行）、國家級網絡戰攻擊向量，和平民大眾不太熟悉的供應鏈攻擊（見表 3-5）。

表 3-5　預設的 TTP 風險評分模型（來源：*https://oreil.ly/TRNFr*）

係數範圍	1	2	3	4	5
接近度：對手需要多遠才能應用此 TTP？	無需實體連接或網絡訪問	透過 DMZ 和防火牆的協定存取	目標系統的一般使用者帳戶（無管理員權限）	對目標系統的管理員權限	對目標系統的實體連接存取
局部性：此 TTP 造成的局部化影響程度如何？	隔離單一元件或服務	單一元件或服務及其配套網絡設定	外部網絡可能受到影響	接戰區或該地區的所有元件或服務	全球所有元件或服務及其相關結構
恢復時間：檢測到攻擊後，需要多長時間才能從此 TTP 恢復？	<10 小時	20 小時	30 小時	40 小時	>50 小時
恢復成本：恢復或更換受影響的網絡資產，其估計成本是什麼？	<$10,000	$25,000	$50,000	$75,000	>$100,000
影響：成功應用此 TTP 而導致數據機密性丟失的影響有多嚴重？	不受 TTP 的影響	影響最小	影響有限，需要一些補救措施	運營連續性（*https://oreil.ly/jxltf*）（COOP）計畫中詳述的補救活動	定期展開 COOP 修復活動
影響：成功應用此 TTP 而導致數據完整性損失的影響有多嚴重？	不受 TTP 的影響	影響最小	影響有限，需要一些補救措施	COOP 計畫中詳述的補救活動	定期展開 COOP 修復活動

16 例如，在 Appendix E 中的 NIST 800-30 包含一個非常廣泛的列表：*https://oreil.ly/vBGue*。

係數範圍	1	2	3	4	5
影響：成功應用此 TTP 而導致系統可用性損失的影響有多嚴重？	不受 TTP 的影響	影響最小	影響有限，需要一些補救措施	COOP 計畫中詳述的補救活動	定期展開 COOP 修復活動
先前使用：在 MITRE 威脅資料庫中是否有此 TTP 的證據？	MITRE 資料庫中沒有使用 TTP 的證據	可能使用 TTP 的證據	在 MITRE 資料庫中有使用 TTP 的證據	MITRE 資料庫中的報告顯示使用 TTP 頻繁	MITRE 資料庫中的報告顯示 TTP 的廣泛使用
所需技能：對手應用此 TPP 需要什麼水平的技能或特定知識？	無需特定技能	通用的技術和技能	目標系統的一些知識	目標系統的詳盡知識	了解任務和目標系統的一切知識
所需資源：應用此 TTP 是否需要或消耗資源？	無需資源	所需資源最少	需要一些資源	需要大量資源	所需和消耗的資源
隱身性：這個 TTP 在應用時的可檢測性如何？	偵測不到	可能透過專門的監控以進行檢測	可以透過專門監控以進行檢測	可以透過常規監控進行檢測	TTP 無須監控
歸因：此 TTP 留下的殘餘證據是否會導致歸因？	無殘留證據	一些殘餘證據，不太可能歸納出原因	可能來自 TTP 特徵而能歸納出原因	先前相同或相似的 TTPs 而能歸納出原因	對手使用的簽章攻擊 TTP

TARA 使用的評分模型基於 12 項獨立的測量。除了比較常見的測量項（影響、實現攻擊的難度、可能性等）之外，值得關注的是更獨特的項目，比如恢復成本和隱身性，這是指初始假設，攻擊者已經成功突破外部防禦，進入系統內部。

同樣地，值得注意的是在機密性、完整性和可用性（CIA）三元素中是如何劃分受到的影響，但與 CVSS（將影響衡量為無、低、中、高和關鍵）不同，TARA 對克服影響所需的補救措施數量感興趣（見表 3-6）。

表 3-6 TARA 評分模型

參數	分數	解釋
易使用的	5	TARA 依賴於威脅建模過程時，個人或團隊可以掌控整個系統。因此，它以這些資源的存在為前提，並且根據定義，它們應該是完全可訪問的。
可擴展的	5	根據定義，該流程可以在組織的所有建模任務中重複使用。如果有執行評估的資源，則該流程應該完全可提供被使用。
有教育意義的	2	PASTA 依賴於大多數活動參與「誰負責」或「誰批准」的「威脅建模者」角色。與 PASTA 一樣，開發團隊會收到一份建議對策表單的待辦事項列表，因此作為知識擴展載體的價值有限。但目錄本身可用來培訓團隊成員——什麼是可能的攻擊。
有幫助的	2	一個執行良好並如實記錄的 TARA 威脅模型，提供各方多個角度的觀點，包括最具可行性、最可能發生的攻擊和攻擊向量，以及可以在「解法表」內找到可接受的風險程度和有效的緩解措施。另一方面，作為獲取階段的一部分，TARA 較適合在完全成形的系統上運行，不太適合在開發期間影響設計選擇。
敏捷的	1	TARA 不是一個輕量級的過程，當系統的所有設計和實現細節都事先知道時，PASTA 的表現會更好。想像一下，如果重構元件或引入新技術的話，需要重做多少工作。
代表性的	5	出於與 PASTA 相同的原因，TARA 在其攻擊面分析中著眼於完全形成的系統。
不受約束的	2	TARA 以 TTP 和 CM 目錄為基礎進行分析。這強加了系統可能受到的威脅其預定義視野，在某種程度上限制了分析的靈活性。另一方面，目錄應該是一個不斷更新的有生命的實體，但它的來源更新緩慢，並且是添加來自過去觀察到的事件。有關 TTP 目錄的範例，請參閱此 ENISA 頁面（*https://oreil.ly/uC6KTENISA*）。

Trike

Trike v1 由 Paul Saitta、Brenda Larcom 和 Michael Eddington 於 2005 年開發，有別於威脅建模方法常需要腦力激盪產生想法，它透過嘗試半自動生成威脅，這做法使它從其他威脅建模方法中脫穎而出。這項特性直接瞄準沒有被要求「像駭客一樣思考」的無經驗開發人員，因為這個方法依賴於工具的使用[17]。

17 Trike 這個名字沒有特定含義——作者在常見問題中解答說，「如果有人問起，我們可能會隨便替 Trike 捏造一個含義。」

Trike 將自己定位為「從風險管理角度進行安全稽核的框架」(*https://oreil.ly/YagrU*),目前版本 2 仍在進行文檔編製工作,並且從 2012 年起*似乎*就已停止開發方法和相關工具。雖然 Trike 版本 2 提出了有趣且有用的概念,但它仍被視為實驗性的和未經證實的方法。所以我們在這裡僅關注 Trike 版本 1。

該方法試圖要明確定義所分析的內容以及何時停止分析(試著盡量避開陷入未知、不明確的情境)。雖然它試圖將大量分析能力交到開發人員手中,但它將安全性視為一個單獨的技術領域,並且需要領域專家將分析「提升到一個新的水平」。

藉由形式化系統設計,Trike 允許使用兩種工具(桌面版和基於 Excel 的版本)來(半)自動化地識別威脅,*以及*,最重要的是:工具們保證分析涵蓋的所有威脅都確實得到了評估。Trike 的另一個獨特之處在於它的分析視角,是專注於防禦者而不是攻擊者。

需求模型

與我們討論過的許多其他方法一樣,第一個活動是透過檢查參與者、系統環境與系統資產的互動行為,來了解被威脅建模的系統其運作目的以及它如何實現這些目標。這是**需求模型**階段,即構建一個表格包含資產、參與者和可能的操作。

在 Trike 中,它指的系統操作遵守原子訪問性的 CRUD(創建、讀取、更新、刪除)模型,並且這些(及其鏈接)是唯一可能的操作。每個系統操作都由 <actor, asset, rules> 的多元組表示,多元組中的規則,是作為限制哪些參與者或角色可以影響該操作。如果操作是系統正常運行狀態的一部分,則將它們添加到列表中;如果該操作不是系統完全預期的部分(即未被記錄的行為),則它不會被計入這個分析。換句話說,只有系統的有效使用者案例才會出現在這個列表中,而不會添加任何誤用或濫用案例至列表內。而依上述定義生成的一組操作,會以正式的方式完整描述被評估的系統。

這樣的表示式轉化為按順序分析每一對資產和參與者,並評估每個 CRUD 操作。一旦理解了這些,就可以使用布林邏輯陳述句來闡明規則,例如「參與者必須是管理員角色**並且**資產必須處於暫停狀態」。

我們在此主題所使用的 Trike 方法,是基於在 Ubuntu 作業系統上運行 Squeak 虛擬機,以執行 Trike 1.1.2a(*https://oreil.ly/kM3od*);請注意你的執行環境或許會與我們有所不同。不幸的是,基於 Squeak 的工具似乎並沒有與該方法保持同步更新,因為作者似乎更喜歡從業者使用基於試算表之類的工具。

該工具附帶一個以部落格系統為範例的威脅模型,藉此充分說明了它的用途。

我們鼓勵你查看 SourceForge 上的 Trike 項目，可獲取有關此方法的更多概念和詳細資訊。

實作模型

一旦你完成蒐集參與者和規則並創建正式的需求定義，就該評估實作了。這是透過排除不屬於前段論及之定義的操作來完成（屏棄那些不是我們正在尋找的操作！）並了解剩餘的操作如何與系統的其餘部分互動。

Trike 區分支持動作和預期動作。**支持動作**，是指那些從已紀錄的資產和基礎設施的角度推動系統發展，並**支持**系統運作的行動。這裡給出的範例是用戶登入操作，它將用戶從一種狀態（未登入）帶到另一種狀態（已登入）。我們不在這裡深入研究創建這些支持動作的原因，因為這個過程很複雜並且不會對我們的討論有所加值。如果你想了解更多的話，你可能需要查看 Trike 文檔中的解釋。至於**預期動作**，Trike 作者將它和從中創建的狀態機視為實驗性特徵，並且在該方法的各個版本中都仍在持續演化。

接下來，與許多威脅建模方法一樣，Trike 亦使用 DFD 表示系統模型。此處使用與描述 STRIDE 時相同的符號系統和方法，包括將系統劃分為更詳細的獨立 DFD，以便在特定區域提供更深入的資訊細節。對於 Trike 而言，這裡的重點是，構建 DFD 表示式的「完成定義」是「直到不再有任何跨越信任邊界的程序」。

為了構建系統模型的完整表示式，需要替圖內元素加入註釋藉此捕獲其使用的技術棧——作業系統、數據儲存類型等。根據需要，你亦可以使用網絡部署圖完成 DFD。

蒐集所有這些系統資料，並編製一份系統所有可能使用流程的列表。這些資料將操作對應到實作中，顯示參與者操作如何影響系統中的資產，進而改變應用程式的狀態。

蒐集數據和編譯的使用流程，是藉由跟蹤預期和支持行動進入 DFD 的路徑來實現的；每次外部參與者在路徑中時，使用流程會被以分段表示。由於系統狀態的變化會對應於狀態機中的狀態（用循序圖或許可以更清楚地表示，如第 1 章所示），因此流程中可能存在前置條件和後置條件。例如，向虛構的部落格提交一則發文時有兩個階段，第一階段是撰寫貼文並批准其進入系統，使流程向系統添加「貼文已提交」狀態，接著，這成為系統「允許發文」狀態的先決條件。

同樣地，使用流程（基於 SourceForge 上 Trike 項目頁面提供的資訊）在 Trike 方法論中被認為是實驗性的。事實上，Trike 的作者認為它們很容易變得麻煩且累贅的，並且可能是在模型中引入錯誤的一種方式。

威脅模型

有了需求和實作模型，下一步就是生成威脅。在 Trike 中，威脅是事件（不是特定於某種技術或實作方法）並且是從參與者「資產」操作矩陣和相關規則，所衍生的確定性集合表示。每種威脅僅分為兩類：阻斷服務或特權提升，這是 Trike 另一個獨門特色。當參與者無法執行操作時會發生**阻斷服務**，而當參與者在特定資產中執行他們不打算執行的操作時，或者當參與者在規則不允許的情況下執行操作時，會發生**特權提升**，或者當參與者協同系統執行某項操作時，也會觸及**特權提升**。

如何生成威脅列表？為每個預期操作創建一個阻斷服務威脅；然後反轉預期操作的集合並刪除這些不被允許的操作集合，此時，會對應創建一組特權提升威脅。這些集合即包含針對系統的全套威脅。

透過使用實作模型和上述方式產生的威脅集合，你可以藉由使用攻擊樹，觀察每棵樹的根節點識別威脅，來決定哪些威脅可能可以成功轉化為攻擊。

儘管自動化是 Trike 的核心原則，但攻擊樹和圖表的生成並不是完全自動化的，這一步需要領域專家形式的介入干預。

風險模型

分辨系統範圍內和範圍外的風險是 Trike 的核心。在評估風險時，你必須考慮系統某個確切部分及其所面臨的風險，才能決定風險是否適用於系統。首先，根據資產對企業的商業價值，資產被會賦予一個貨幣價值，這是由企業決定的，而不是威脅建模活動主持人。接著，以不受歡迎程度（阻斷服務威脅的值）1 到 5，5 表示最不希望有此操作行動被阻止，來對防止任何給定操作的集合做排序。最後，以信任等級 1 到（其中 1 表示高度信任，5 代表匿名者）對所有參與者進行排序。

Trike 將**暴露指數**定義為資產價值乘以特定行動風險，該指數按照威脅影響組織的嚴重程度對威脅進行排序。

弱點被利用的機率也是 Trike 計算的一部分。此處的計算係指可再現性（重現攻擊的難易程度）、可利用性（執行攻擊的難易程度）和參與者信任值的函數。該值目前僅供參考。

對於每種威脅，暴露指數乘以風險的最大適用機率即可得出威脅風險值，該值將業務影響與如何導致威脅的技術執行聯繫起來。

儘管 Trike 的作者意識到這是一種粗略且天真的風險建模方法，但堅定地認為它足以產生一組富有表現力的集合。伴隨威脅的生成及其相關數值，你可以得出應該對這些威脅應用哪些緩解措施、以何種順序消除威脅或至少降低威脅的程度（參見表 3-7）。你可以參考作者之一 Brenda Larcom（*https://oreil.ly/S44fV*）於 Mozilla 的演講中看到 Trike 的有趣概述。

表 3-7　評分模型

參數	分數	解釋
易使用的	1	Trike 提出一種可靠的威脅建模方法，它的一些基本思想是合理的。不幸的是，該方法的執行記錄很少，而且對它的討論似乎已經停止。至於可用工具僅提供部分實作或複雜的工作流程。
可擴展的	5	根據定義，該流程可以在組織的所有建模任務中重複使用。如果有執行評估的資源，則該流程應該完全可提供被使用。
有教育意義的	3	藉由將所有可能的威脅分為兩類（特權提升和阻斷服務），Trike 鼓勵在創建規則和檢查參與者及資產時進行討論。這種對話和深入研究應該會為團隊帶來額外的安全教育（由安全主管指導）。
有幫助的	2	該方法中仍有太多懸而未決的問題，這有助於進行有趣的智力練習，但實用價值有限。
敏捷的	2	Trike 專注於建模時系統的所有已知資訊。因此，使用 Trike 對系統進行建模時，Trike 會專注系統的所有已知資訊。因此，針對那些功能尚在開發或設計尚未完成的系統，則不太適合使用 Trike 對系統進行建模。Trike 的作者聲稱這個方法「很容易可以被擴展使用，因此很容易適應螺旋式開發或 XP/ 敏捷模型」，但我們不太認同作者的觀點，即使資訊流確實支持模型的修改，但是應用新舊模型之間所產生的差異，其運營成本也太高了。
代表性的	5	出於與 TARA 相同的原因，Trike 在進行攻擊面分析時，著眼於系統的整體面向。
不受約束的	2	Trike 建立在攻擊樹和圖的基礎上以生成攻擊分析，並高度支持攻擊樹是「Trike 方法中更有用的省時功能之一」的觀點。雖然這是事實，但它也對正在評估的威脅有了約束作用。動態生成威脅被視為是一種操作問題，而不是與方法本身相關的問題。

專門的方法

除了我們介紹的方法之外，還有一些方法更側重於產品安全的特定方面，而非直觀的開發和保護。踏入威脅建模領域時，需留意其中一些方法是專注於尋找與隱私較相關的問題，而不是嚴格關注安全相關的問題。此節提到的一些方法，是為了探討威脅建模領域的完整性和比較——展示你如何以不同的方式應用與本章相同的基本思想，以便識別對其他類別的敏感資產、機密數據和其他形式的威脅。

LINDDUN

作為威脅建模中一種專注於隱私性的變形方法，*LINDDUN*（可鏈接性、可識別性、不可否認性、可檢測性、資訊披露、不知情和不合規）是一種系統化的隱私威脅建模方法。LINDDUN 網站（*https://linddun.org/*）提供廣泛的教學課程和指導文件，是一種寶貴的資源。該方法是源於比利時魯汶大學的 DistriNet 研究小組，由 Kim Wuyts 博士、Riccardo Scandariato 教授、Wouter Joosen 教授、Mina Deng 博士和 Bart Preneel 教授所開發的。

與主要關注 CIA 三位一體、傳統以安全為中心的威脅模型不同，LINDDUN 的評估是針對不可鏈接性、匿名性、使用假名、似是而非的可否認性、不可檢測性和不可觀察性、內容感知、政策和同意合規性的威脅——所有這些都側重於數據主體的隱私。因此，這不僅涉及（外部）攻擊者的觀點，還涉及組織的觀點，因為某些系統行為可能侵犯數據主體的隱私。這裡不展開太多細節討論（每個屬性的完整討論可以在 LINDDUN 論文中看到[18]），屬性如下：

不可鏈接性

: 兩個或多個動作、元素、身分或其他資訊不能鏈接在一起——也就是說，不能根據可用資訊安全地建立它們之間的關係。

匿名

: 無法確認參與者的身分。

使用假名

: 參與者可以使用不同的身分標識符來代表自己（即，使用假名可讓他人無法直接辨認出參與者的真實身分）。

18 Mina Deng 等人，「隱私威脅分析框架：支持隱私要求的啟發和實現」，2010 年 6 月，*https://oreil.ly/S44fV*。

似是而非的否認性

參與者可以否認曾執行過的操作，並且其他的參與者也無法確認或否認這個聲明。

不可檢測性和不可觀察性

攻擊者無法充分識別感興趣的項目（動作、數據等）是否存在。不可觀察性意味著感興趣的項目（IOI）是不可檢測的，並且 IOI 中涉及的主體相對於其他涉及的主體是匿名的。

內容感知

使用者應該意識到越使用更動態的方式與網站互動（提交表單、cookie 等）或在安裝完成之後才深入服務提供商的內容（例如安裝完成後，廣告網絡下載會要求可執行檔），這些行為會提供更多的個人資訊給服務提供商。而內容感知的屬性認為「應該只允許服務提供方探索和使用最少的必要資訊，以便允許執行與其相關的功能」。

政策和同意合規性

該系統了解所提供的隱私政策，及其儲存和處理的數據，並在訪問該數據之前，主動將有關法律和政策的合規性告知數據所有者。

圖 3-4 中的許多步驟看起來很熟悉——它們的操作與 STRIDE 的各個階段相同，因此請重點關注 LINDDUN 與以安全為中心的方法的不同之處。

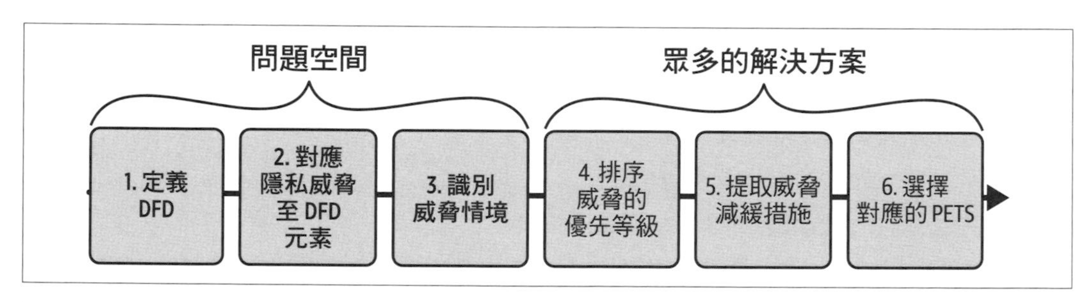

圖 3-4　LINDDUN 的步驟（圖 6.12，Kim Wuyts，「軟體架構中的隱私威脅」（博士論文，魯汶大學，2015 年），135）

LINDDUN 作者創建了一個特別的對應方法，將面向隱私的威脅映射到 DFD 元素，如圖 3-5 所示。

	L	I	N	D	D	U	N
實體	✕	✕				✕	
數據儲存	✕	✕	✕	✕	✕		✕
資料流	✕	✕	✕	✕	✕		✕
程序	✕	✕	✕	✕	✕		✕

圖 3-5　將 DFD 元素映射到 LINDDUN 威脅

你可以在「LINDDUN：A Privacy Threat Analysis Framework」（*https://www.linddun.org/*）中查看威脅類別的完整定義：

- L：針對不可鏈接性的可鏈接性威脅
- I：針對匿名和使用假名的可識別性威脅
- N：針對似是而非的否認的不可否認性威脅
- D：針對不可檢測性和不可觀察性的可檢測性威脅
- D：針對機密性的洩露資訊威脅
- U：針對內容感知的無意中未覺察之威脅
- N：對政策和同意合規性的不合規威脅

在具體化檢查系統的使用方式案例時，可以考慮使用此對應表。例如，使用者寫一篇部落格文章並提交給系統時，該表單為一個「外部實體」，而部落格系統作為一個「處理程序」則通過兩個資料流（用戶到部落格系統，部落格系統到資料庫）將文章儲存在資料庫內。在與 STRIDE per Element 並行的過程中，每個 DFD 元素與包含「X」的隱私威脅之間的交互行為，意味著相關元素容易受到該威脅的影響。

關於每種威脅如何影響每個元素的廣泛討論，超出了本書的範圍，但可以在 LINDDUN 的論文中找到進一步的探討。

一旦識別威脅後，你可以再次使用攻擊樹來了解攻擊者為達到特定目標而可能採取的方法。如圖 3-6 所示，如果攻擊者的目標是強制不遵守同意策略，他們可能會通過幾種方式進行努力。

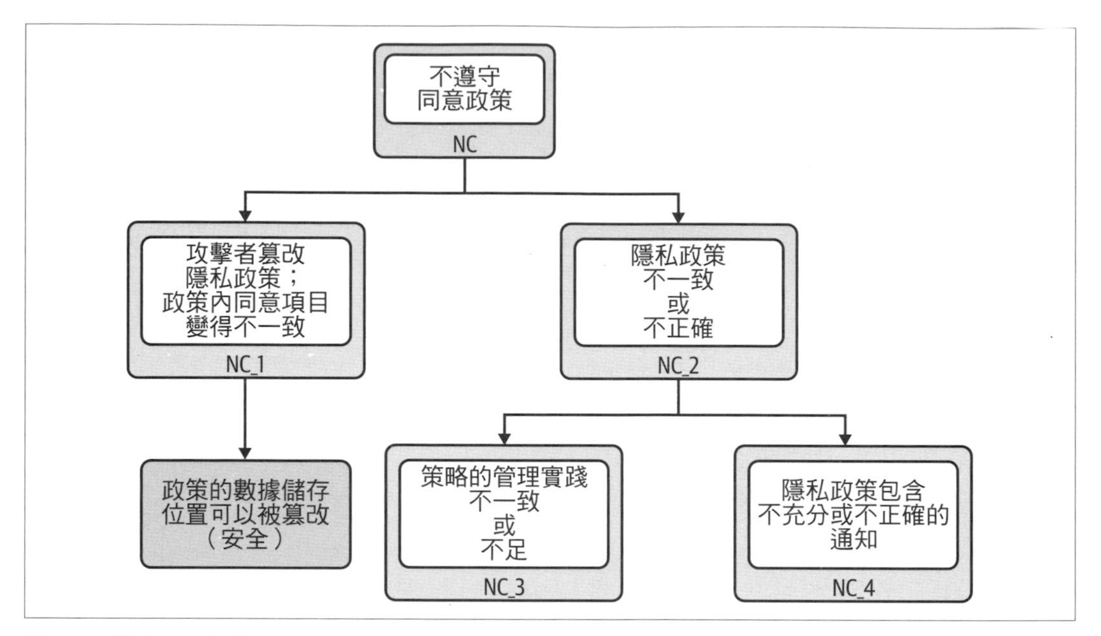

圖 3-6　描述不合規威脅的威脅樹（來源：基於 *https://oreil.ly/afYUJ*）

最直接的方法，是藉由利用安全問題來竄改儲存政策的資料庫；如果他們成功了，可能會造成難以或無法遵守政策的情況（透過改變政策本身的關鍵方面，或者，變更獲得和管理同意的方式）。間接地，他們可以影響並迫使組織犯錯或顛覆內部實踐，以強制出現不合規情況。除了這種以攻擊者為中心的觀點之外，從組織的角度來看，合規性違規也可能發生，例如，不遵守最小權限和目的限制等數據保護原則，忽略了嚴格的規定要求，而處理更多的個人資訊。

LINDDUN 網站包含一個隱私威脅樹目錄，其中包括對該樹的一般解釋和對其葉節點的詳細討論。每棵威脅樹都提供了指南，說明有關如何解釋每片葉子的資訊給使用者[19]。每個指導說明通常以標準免責聲明做結尾，表明該樹描述了以較高的觀點角度來看待潛在領域，使用者應尋求法律建議以確保合規。

LINDDUN 不建議使用風險分類技術或分類法，而是依賴現有的方法，例如我們在導論中提到的方法。你需要構建一個誤用案例（MUC），將前面步驟中蒐集的資訊轉化為可用的故事，然後，你可以將其與其他故事進行比較，以對它們進行排名。在 LINDDUN 的論文中，我們展示了一個任何社群媒體使用者都熟悉的不合規範例：

19 關於為每個葉節點提供的指導範例，請參閱 *https://oreil.ly/afYUJ*。

標題

MUC 10：政策和同意不合規

總結

社群網絡提供商未在徵得使用者同意的情況下，處理該使用者的個人數據；例如，將資料庫披露給第三方以供二次使用。

資產、利益相關者和威脅

使用者的個人身分資訊（PII）

1. 使用者：透露身分和個人資訊。
2. 系統或公司： 對聲譽的負面影響。

主要犯錯者

內部人員

基本流程

1. 不法分子獲得對社群網絡資料庫的訪問權限。
2. 不當行為者將數據透露給第三方。

觸發原因

總是會有懷著惡意的人。

先決條件

1. 不當行為者可以竄改隱私政策並使政策內同意項目變得不一致。

   或

2. 政策管理不當（未根據使用者的要求更新）。

防止資料外洩

1. 該系統的設計符合隱私和數據保護的法律準則，並使內部政策與傳達給用戶的政策保持一致。
2. 強制執法：每當社群網絡提供商未經同意處理其個人資訊時，用戶都可以起訴社群網絡提供商。
3. 員工勞動契約：與第三方共享契約資訊的員工將受到處罰（解僱、支付罰款等）。

預防保障

強制執法以降低內部人員洩露資訊的威脅，但仍有可能侵犯用戶隱私。

請注意，先決條件直接來自於威脅樹。當你們描述了一個誤用案例，你就可以從防止資料外洩和預防保障的形式中提取需求。LINDDUN 將選擇威脅緩解措施轉向使用隱私增強技術（PET）解決方案，而不是純粹的合法或合約範圍內的設備。LINDDUN 論文，在列出 PET 解決方案，並映射到它們所處理的隱私屬性方面做得很好，由於我們不會在此處重新闡述這個部分，如果你決定使用它，請務必閱讀該論文以熟悉使用方法。鑑於 LINDDUN 與 STRIDE per Element 的相似性，重新應用我們的測量參數是不合邏輯的，因為它們等於 STRIDE 的參數。另一方面，LINDDUN 完整地說明如何將威脅建模過程應用於安全領域以外的領域（即 C、I 和 A），並生成類似有價值的結果。

瘋狂？這就是 SPARTA！

通過風險驅動的威脅評估（*SPARTA*）以實現安全和隱私的架構是我們在本書研究過程中「發現」的促進持續威脅獲取的框架和工具。該框架起源於比利時的 KU Leuven 大學，由 Laurens Sion、Koen Yskout、Dimitri Van Landuyt 和 Wouter Joosen 創建。（正如你從 SPARTA 和 LINDDUN 看到的那樣，這所大學正在威脅建模領域進行大量研究！）

談到使用 SPARTA 的前提，雖然像 STRIDE 這樣的傳統方法在識別威脅方面是成功的，但它們需要付出相當大的努力，因為威脅建模活動與開發工作是分開進行的[20]。最終這可能會產生散亂的生成物，並且需要更多的努力以保持井井有條的。此外，當對開發系統或底層安全特性進行更改時，這會阻礙審查生成的威脅模型。在 SPARTA 作者看來，這些變化可能具有深遠的影響，而需要額外的工作以證明、審查威脅模型中的完整結果集是合理的。

作為一種工具，SPARTA 提供一個 GUI（基於流行的 Eclipse 框架），用於常見的拖放動作工作流程以創建 DFD[21]。並且 SPARTA 使用元數據豐富了 DFD，在以下各方面提供增強功能：

語意

在 DFD 中添加安全解決方案及其效果的表示式，可促進對該數據及所分析之系統其後續結果的驗證。

20 「SPARTA：通過風險驅動威脅評估的安全和隱私架構」，SPARTA，*https://oreil.ly/1JaiI*。
21 自 2020 年 10 月起，已經改為非公開模式：請聯繫 SPARTA 作者以獲取存取權限。

可追溯性

安全機制與其對系統的影響之間的關係，應該是可對照的。

關注點的分離

威脅資料庫、可能的安全解決方案和緩解措施的目錄，應該相互獨立發展。

動態和持續的威脅評估

與連續威脅建模方法（我們在第 5 章中描述）非常相似，SPARTA 認為威脅獲取應該在必要時發生，而不是在開發週期的特定時間發生；因此，需要盡可能地將流程自動化。

在不深入每個領域的情況下（SPARTA 作者在補充論文中提供了豐富而有趣的學術討論），在此，有必要一提，若有一個額外關於安全元數據的 DFD 模型，再加上 `SecuritySolution` 類別的實例，將可捕獲安全解決方案作為原本 DFD 模型的一部分。試著探討安全元數據模型，每個 `SecuritySolution` 元類別都包含多個 `Role` 元類別，並且 `Role` 元類別列出了該解決方案中涉及的 DFD 元素；Role 元類別可以實現多個 `CounterMeasure` 元類別以減輕 `ThreatType` 元類別，並可以指定反制措施適用於哪些 `Role`（見圖 3-7）。

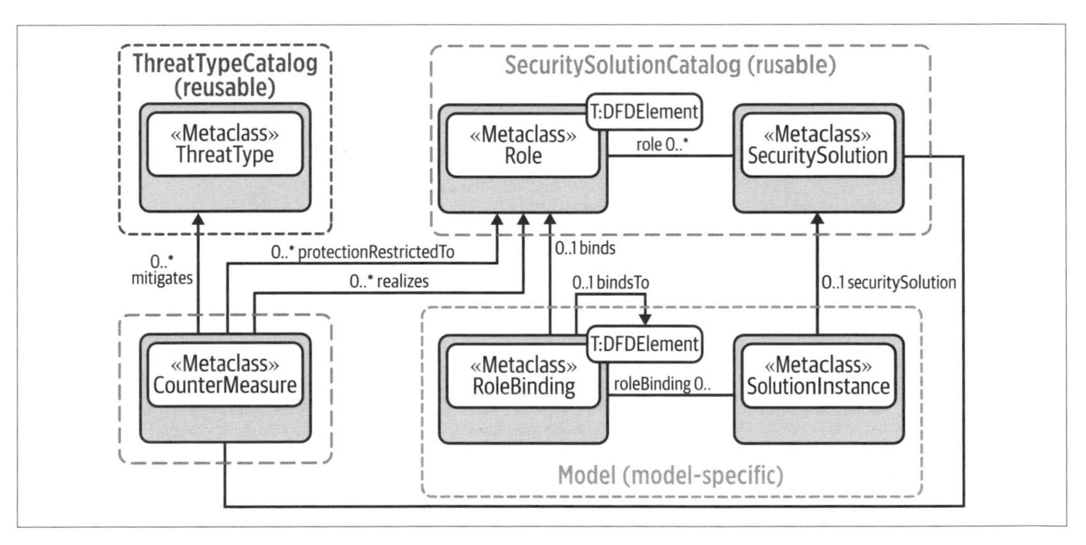

圖 3-7　安全元模型的 SPARTA UML 表示方式（來自 *https://oreil.ly/nNSm0*）

一旦 DFD 反映所表示的系統，並且在安全元模型中提供足夠的實例化，該工具就會迭代威脅資料庫（工具的一部分，可由用戶自行擴展）中的所有 `ThreatType` 類別。這允許它通過驗證它們不執行相應的 `CounterMeasure` 類別實例，藉此識別那些可能易受 `ThreatType` 影響的 DFD 元素。

在此步驟中，我們看到 SPARTA 威脅識別方法的一個獨特特徵：特定元素中的 `ThreatType` 是否有被特定的 `SecuritySolution` 實例減輕並不重要，只要存在並定義了將減輕該特定威脅的安全解決方案即可。例如，如果威脅是「通過公開網絡傳輸的未加密數據」的情境，若有聲明該資料流執行在 TLS 協定，或整個系統有使用 VPN，那 SPARTA 會視該威脅被緩解了。對我們來說，這意味著架構師可以自由地使用系統或集中的緩解措施來「假設」，並了解這些選擇如何影響整個系統的安全態勢。

SPARTA 中的風險分析使用導論中提到的 FAIR，並為 FAIR 中的**每個**風險項目添加了蒙地卡羅模擬：

- 對策強度
- 威脅能力
- 聯繫頻率
- 行動的機率
- 漏洞
- 威脅事件頻率
- 丟失事件頻率
- 損失規模和風險

要執行風險分析時，請將（a）根據元模型指定的解決方案安全實例以及（b）考量每個 FAIR 因素的每個 `ThreatType` 估計值，添加到 DFD；這些是由安全專家、系統和風險利益相關者建議添加的內容，而增加的部分考量了安全解決方案中已有的攻擊配置文件和值（例如，潛在攻擊者的能力和對策）。一旦你確定了 DFD 中的所有威脅，就可以對每個威脅進行風險評估，進而生成攻擊打敗反制措施的機率。

儘管統計方面的主題探討超出了本書範圍——對於那些有興趣的人，我們衷心推薦 SPARTA 作者的學術論文。考慮縱深防禦：如果存在針對給定威脅的多種反制措施，則最終機率是擊敗所有反制措施的機率。

SPARTA 還利用不同的角色來表示具有不同能力的攻擊者——例如，當攻擊者是入門級的新手（腳本小子）時的風險評估，將不同於國家層級駭客的評估。

這些完全是可客製化的，因此，一個團隊可以選擇一個「外部且沒有相關技能的網站使用者」或「國家級專家」來操作工具（範例見圖 3-8）。

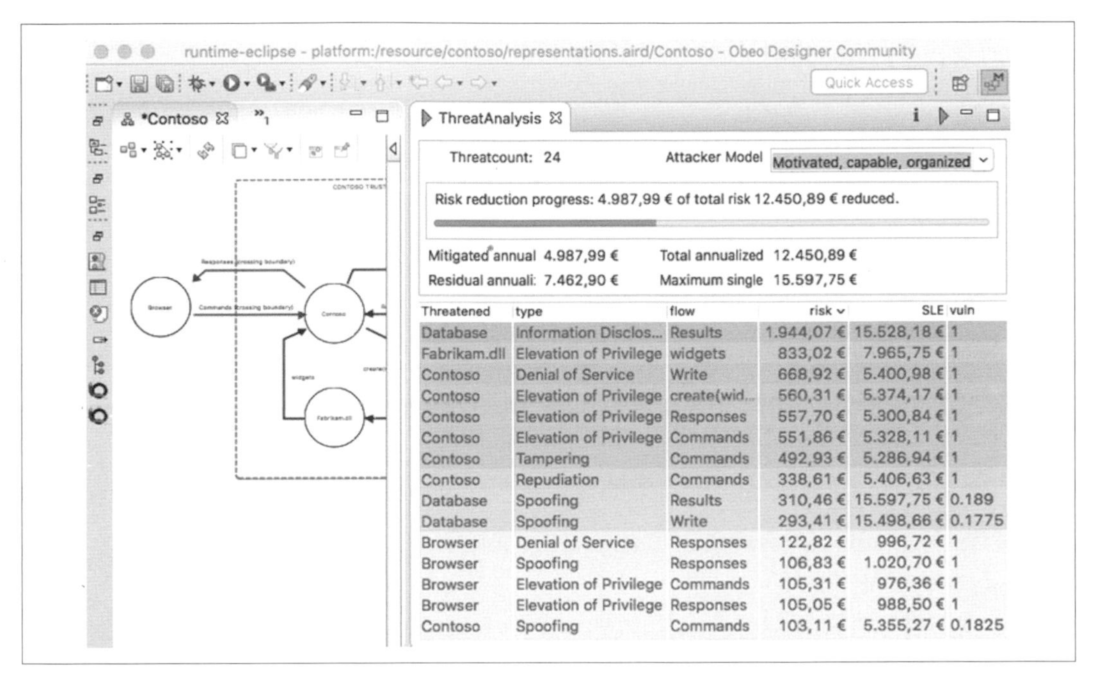

圖 3-8　SPARTA 示範 DFD 及相關威脅列表（來源：*https://oreil.ly/VC3oh*）

SPARTA 的目標是在 DFD、安全元模型、威脅資料庫、對應威脅的減緩對策等發生變化時，持續考慮你識別的威脅和發生機率。我們也找到一個有趣的發現，藉由瞬間的影響分析添加了一個實時元件到 SPARTA 中，用戶可以藉由不同的方式對風險列表進行排序，來幫助規劃最佳緩解措施。

在我們編寫本書內容的同時，SPARTA 亦持續在發展，我們期待這些發展，並希望很快看到一個完整的工具可供威脅建模社群使用。

INCLUDES NO DIRT

INCLUDES NO DIRT（*https://oreil.ly/0TepP*）是最近公開發布的方法。它側重於彌補安全性、隱私和合規性之間的差距，然後將該架構應用到醫療領域的臨床環境中。它結合了 STRIDE 和 LINDDUN 的優點，並專注於醫療保健。它可能被稱為「SuperSTRIDE」，因為 INCLUDES NO DIRT 是一個包含 LINDDUN 和 STRIDE 的首字母縮寫詞，然後添加「C」和「O」，它代表的意義如下所示：

I：可識別性

　避免匿名，支持行為的可追溯性（領域：隱私性）。

N：不可否認性

　避免似是而非的否認（領域：隱私性）。

C：臨床錯誤

　確保正確應用臨床標準（領域：合規性）。

L：可鏈接性

　與整個系統相關聯的資訊（領域：隱私性）。

U：未經許可的活動

　確保用戶擁有適當的憑證或正當授權的使用許可（領域：合規性）。

D：阻斷服務

　維護可用性（領域：安全性）。

E：特權提升

　確保正確的操作授權（領域：安全性）。

S：欺騙

　避免他人模仿（領域：安全性）。

N：不遵守政策或義務

　強制執行政策或合約義務（領域：合規性）。

O：過度使用

　實施使用限制（領域：合規性）。

D：資料錯誤

　　從錯誤或元件故障中維護數據完整性（領域：安全性）。

I：資訊洩漏

　　維護數據的機密性（領域：安全性）。

R：拒絕

　　強化使用者對操作之間的關聯性（領域：安全性）。

T：竄改

　　保持數據完整性免受誤用或濫用（領域：安全性）。

這種威脅建模方法通常遵循 STRIDE 方法，但它也有助於通過廣泛的問卷調查和「選擇你自己的冒險」（*https://www.cyoa.com*），這類風格的工作流程，用來指導不是安全領域背景的從業者。然而，從某種意義上說，由於其死板的構建方式，導致它在實踐中並不靈活的。但是該文檔表明該方法「必須可供非安全領域背景及非隱私相關領域知識的從業者使用」，在這一點上它主要是成功的，因為他們已經將大量知識融入到流程本身中。不幸的是，為了使該方法也適用非臨床醫療保健的其他領域，需要廣泛的安全和隱私經驗。

我們來玩個遊戲，好嗎？

在整本書中，我們都在探討一個問題，即如何向開發人員和架構師傳授他們需要了解的安全知識，讓他們在威脅建模活動中能夠發揮效力。許多解決方案旨在為這種需求提供更快、更全面的投資回報——其中一些方案採用遊戲和類遊戲的形式，而這些材料都是建立在資訊世界裡，大多數人固有的創造力、好奇心和競爭力之上。我們之所以選擇在本章中探討這些遊戲主題，是因為它們被記錄為在某些情況下具有效果，以及它們與既存威脅建模技術之間的配對。同時，威脅建模作為一門前瞻學科，我們並不會稱這是一份詳盡整理的清單，但這些是我們遇到過的（在某些情況下，無論是在教學環境中還是「正式環境」）。如果你自己探索，你肯定還能找到更多的遊戲及其變化。

Adam Shostack 本人是威脅建模遊戲化的先驅，他編寫了 Elevation of Privilege 遊戲，在他的個人部落格（*https://oreil.ly/CkLhg*）上維護著記錄遊戲小幫手的列表——如果你對這種遊戲化的方法感興趣，那麼你應該定期訪問它。

我們不會討論這款遊戲是否令人興奮、有深度，甚至可玩性。我們認為，作為教育工具，它們都是有效的，其功效會因使用方式的不同而有很大差異。我們將遊戲化視為鼓勵威脅建模的強大工具，並對該領域的新發展很感興趣。

遊戲：Elevation of Privilege

作者：Adam Shostack

實施的威脅方法：STRIDE

主要倡議：此卡片組中的套裝遵循 STRIDE 方法：欺騙、竄改、否認、資訊洩露、阻斷服務和特權提升。每張牌都提出了威脅；例如，Spoofing10 號牌提出，「攻擊者可以選擇使用較弱的身分驗證或不使用身分驗證。」如果該卡的玩家可以將該威脅應用於系統，那麼這將被記錄為一個發現；否則遊戲按照紙牌的優先度高低規則進行（見圖 3-9）。

資料來源：*https://oreil.ly/NRwcZ*

圖 3-9　特權提升的範例紙牌卡 [22]

22 這些是 Izar 個人收藏的安全遊戲的卡片。

遊戲：Elevation of Privilege and Privacy

作者：Mark Vinkovits

實施的威脅方法：STRIDE

主要論點：作為 LogMeIn 威脅建模實踐的一部分，一個團隊會需要將圍繞著威脅建模和隱私相關討論的腦力激盪活動需求正式化，並且決定將隱私套裝牌組添加到原始的特權提升遊戲中。該套裝牌組將有可操作的卡片，並展示哪些具有很高的隱私風險。例如，10 號隱私卡牌寫道：「一旦處理個人資料的法律依據被撤銷，你的系統不會對個人數據實施抹除或匿名化。」

資料來源：*https://oreil.ly/rorks*

遊戲：OWASP Cornucopia

作者：Colin Watson and Dario De Filippis

實施的威脅方法：沒有具體說明

主要論點：比起識別威脅，OWASP Cornucopia 旨在識別**安全需求**並創建與安全相關的用戶故事。但是作為一個 OWASP 專案，它確實更側重於基於 Web 的開發：它是特權提升遊戲的進階版本，但在其當前發布的形式中，OWASP Cornucopia 重視與電子商務網站相關的威脅。

OWASP Cornucopia 中的套件，源自 OWASP 安全編碼實踐小抄和 OWASP 應用程式安全驗證標準。該遊戲有六種花色：數據驗證和編碼、身分驗證、會話管理、資源授權、加解密，以及一種可以代表上述任何一種類型的花色 Cornucopia。例如，10 號卡牌會話管理寫道：「Marce 可以偽造請求，因為針對每個會話或每個請求的關鍵操作、強隨機令牌（即反 CSRF 令牌）或類似令牌未用於更改狀態的操作。」

資料來源：*https://oreil.ly/_iUlM*

遊戲：Security and Privacy Threat Discovery Cards

作者：Tamara Denning，Batya Friedman，和 Tadayoshi Kohno

實施的威脅方法：沒有具體說明

主要論點：這個卡片組由華盛頓大學計算機科學系的一組研究人員創建，提出了四個未編號的套裝（維度）：人類影響、對手的動機、對手的資源和對手的方法。並且建議進行一些活動以使用這些卡片：首先，按照所分析系統的威脅重要性對它們進行排序，或組合卡片（「哪種對手的方法最能滿足這個特定對手的動機？」），或創建新卡片探索維度，也許是透過新聞中的時事取得關於動機的靈感。

更少的遊戲和更多有方向性的教育活動、維度的討論和分析，與其中以卡片支持對安全問題的理解和探索。例如，對手資源維度中的一張隨機卡片上寫著：「異常資源—— 對手可能獲得哪些類型的意外或異常資源？不尋常的資源如何啟用或放大對你系統的攻擊？」順便說一下，雖然沒有推廣這個套裝卡片，但它被用於由卡內基美隆大學軟體工程研究所的 Nancy Mead 和 Forrest Shull 開發的混合威脅建模方法論（*https://oreil.ly/JTBzU*）。卡片用於支持腦力激盪會議，以識別建模系統中的相關威脅（見圖 3-10）。

資料來源：*https://oreil.ly/w6GWI*

圖 3-10　發現安全和隱私威脅的紙牌 [23]

23 這些是 Izar 個人收藏的安全遊戲的卡片。

遊戲：LINDDUN GO

作者：LINDDUN 團隊

實施的威脅方法：LINDDUN

主要論點：LINDDUN GO 通過簡化的方法和一組關於隱私威脅類型的卡片（受特權提升卡片啟發）為啟發學習威脅建模階段提供更輕量化的支持。因此，LINDDUN GO 對於該領域的新手、更有經驗的威脅建模者且正在尋找一種不太繁重的方法來說，這是一個良好的開端。對於初學者來說，這是一個很好的入門教育工具，不需要隱私專業知識（見圖 3-11）。

資料來源：*https://www.linddun.org/go*

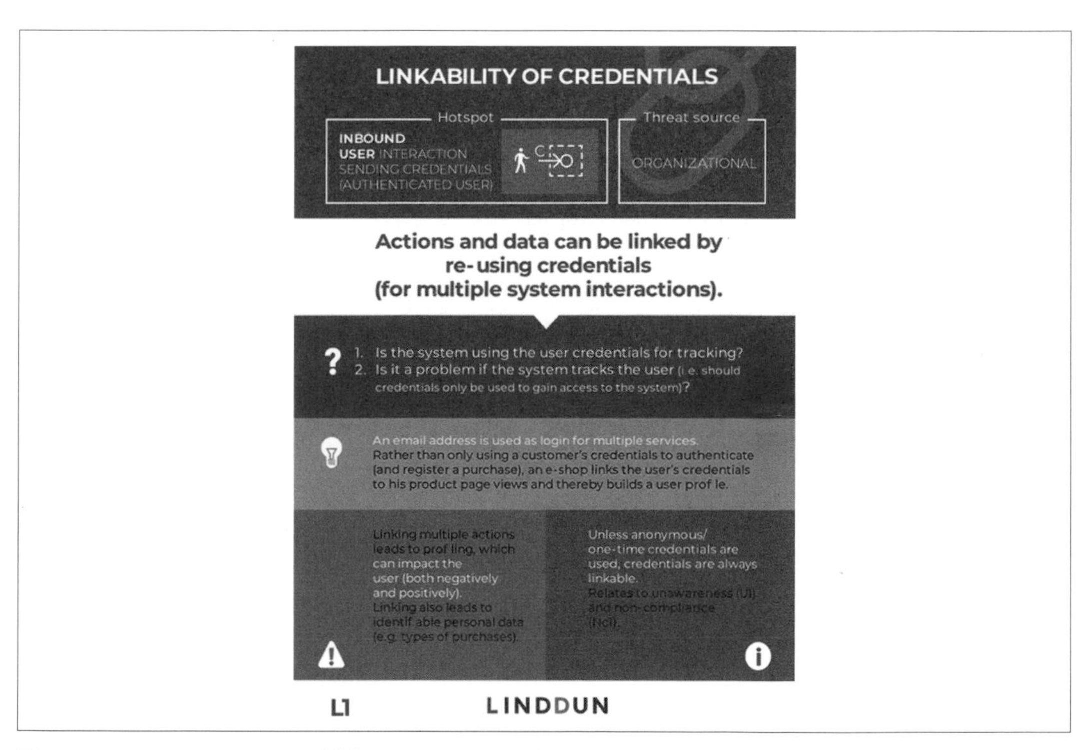

圖 3-11　LINDDUN GO 範例紙牌：憑證的可鏈接性（*https://www.linddun.org/go*）

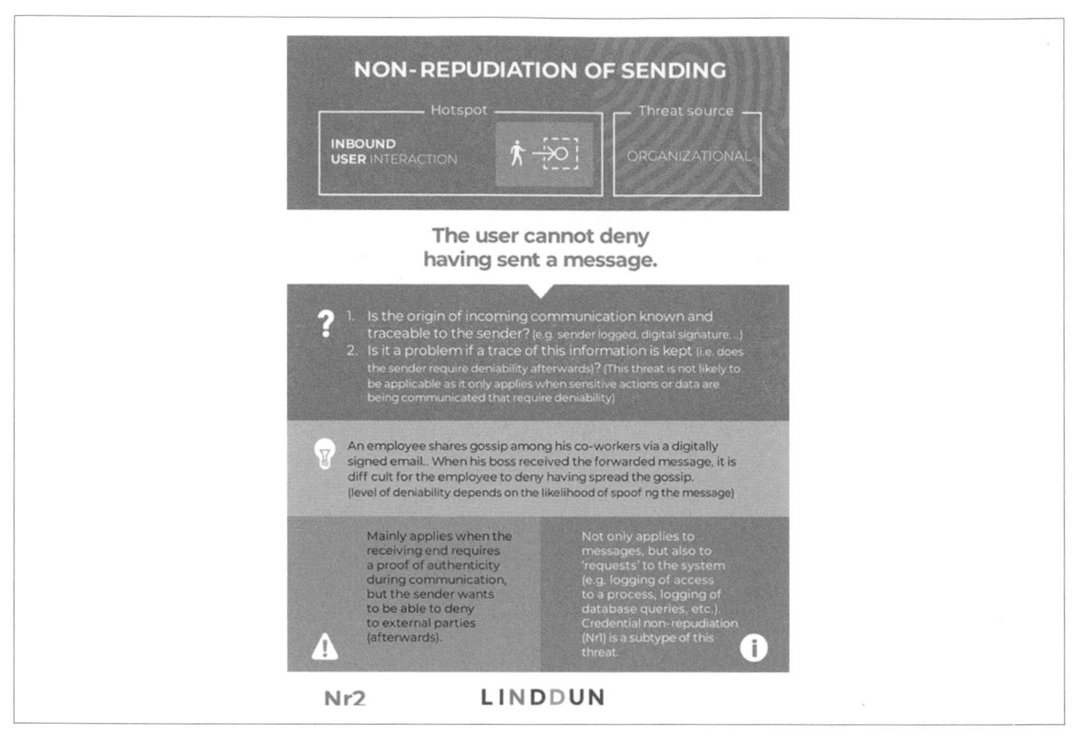

圖 3-12　LINDDUN GO 範例紙牌：發送的不可否認性（*https://www.linddun.org/go*）

總結

在本章中，你了解到從 STRIDE 誕生至今的各種成熟且實用的威脅分析方法。透過此概述，你應該很好地了解在特定環境、開發風格、組織結構、特定挑戰或威脅建模過程的期望中，可以傾向於使用哪種技術；並學習如何使用你的設計來為你的威脅模型生成威脅。

我們想問你一些問題：如果你仍然沒有為自己的環境找到合適的一種方法，請嘗試一些目前最流行的方法；然後利用你的新經驗，設計你自己的方法來識別模型中的威脅。再回到威脅建模社群（在 Reddi 的 *r/ThreatModeling* 頻道上，或在 OWASP 的 Slack 工作區上的 *#threatmodeling* 頻道上，或在安全從業者高度關注的研討會中，聚集對威脅建模領域感興趣的成員，將威脅建模作為一個主題並進行探索！），並向我們展示你的想法，我們期待從你的經驗中學習。

在下一章，我們將展示透過使用自動化來執行威脅建模的方法——既描述模型又能「自動」識別安全和隱私威脅。

第四章

威脅建模自動化

只要人類能夠以某種結構或規則，將想法書寫下來，那　依賴電腦驅動的程式，就可以學習與改善它。

——Neal Stephenson，*Atmosphæra Incognita*

在第 1 章，你透過在白板上繪圖、使用 Microsoft 的 Visio 或 draw.io 等應用程式，深入了解「手工」構建不同類型系統模型的機制，還有構建這些模型時需要蒐集的資訊。在第 3 章，你學習到威脅建模方法的概觀，這些方法使用你創建的系統模型，使你能夠識別評估系統中的安全問題區域；你了解發現高級別威脅的方法，同時考慮到有能力和意圖進行攻擊的對手。你還看到如何在威脅「堆棧」中更深入分析的方法，藉此可以知曉威脅的根本原因（和對抗的目標），也就是——弱點和漏洞，不論它們是單獨或組合的，都將為你的系統功能和數據（以及你的聲譽和品牌）帶來災難。

對系統和威脅建模而言，這些技術和方法都是有效的方式，如果你有時間和精力，並且可以說服你的組織這種方法很重要值得採納。然而，在這個一切都是連續的、一切都是程式碼的時代，開發團隊面臨著在更短的時間內交付更多東西的巨大壓力。因此，被認為是必要之惡的安全實踐正在被放棄，因為它過於消耗開發人員時間而且（察覺到的或其他方面的）成本太高，這讓專注於安全的人陷入困境。你是否試圖影響你的組織硬著頭皮並更嚴格地應用安全工程實踐，或者你是否嘗試利用不斷減少的資源盡可能多地完成工作，因為你知道最終產品的品質（進一步來說，可能是指最終產品的安全性）可能會受到影響？你如何保持高安全標準和對必要細節的關注，以創建精心設計的系統？

促進良好安全工程的方法，是限制手動構建系統和威脅模型的需要，並轉向自動化以幫助減輕你的負擔，以滿足業務和安全團隊的需求。雖然人為因素可以說是威脅建模活動的重要組成部分，但系統模型的構建和分析，是電腦可以輕鬆完成的事情；當然你必須提供輸入以完成自動化。

自動化不僅可以幫助你設計模型，還可以協助回答問題。例如，如果你不確定端點 X 和 Y 之間的資料流 A，是否將你的關鍵數據暴露給神祕的夏娃[1]，你可以使用程式來解決這個問題。

在本章中，我們將探討正在發生的演變。在創建最先進的威脅建模技術、執行威脅分析和缺陷探察時，你可以使用被稱為「使用程式碼進行威脅建模（Threat Modeling with Code）」和「從程式碼進行威脅建模（Threat modeling from code）」的自動化技術[2]。

你可能想知道——威脅建模自動化將如何讓你的生活更輕鬆，而不是從長遠來看需要多關心一個工具、流程和責任？我們也有同樣的疑問。

為什麼要自動化威脅建模？

讓我們面對現實吧——傳統方式的威脅建模很難，原因有很多：

- 需要稀有且高度專業化的人才——要做好威脅建模，你需要梳理出系統中的弱點。這需要培訓（例如閱讀此書或其他有關威脅建模的入門讀物）以及在涉及探討目標是什麼和可能是什麼（以及事情可能會出錯的地方）時，保持適度的悲觀主義和批判性思維。

- 有很多東西需要知道，而這需要兼具廣度和深度的知識及經驗。隨著你的系統變得越來越複雜，或者引入變化（例如，如今許多公司正在經歷的數位轉型），技術的變化帶來越來越多的弱點：新的弱點和威脅被識別出來，新的攻擊向量被創造出來；因此，安全人員必須不斷學習。

- 談論到威脅建模，有無數的選項可供選擇[3]。這包括工具與方法來執行威脅建模和分析，進而形成建模的結果，以及如何記錄、緩解威脅或管理所發現漏洞或弱點。

- 讓利益相關者相信威脅建模很重要，這可能很困難，部分原因如下：

  — 每個人都很忙（如前所述）。

  — 並非開發團隊中的每個人都理解指定和所設計的系統。其設計細節不一定完全符合規格，並且實作面也不一定完全匹配於原始設計；找到能夠正確描述所分析系統當前狀態的合適人選，可能具有挑戰性。

1 Randall Munroe，「愛麗絲和鮑勃」，*xkcd* 網絡漫畫，*https://xkcd.com/177*。

2 有些人還使用短稱——**威脅建模即程式碼**，來與 DevOps 行話保持一致。就像幾年前的 DevOps（及其行話！）一樣，整個詞彙表都在轉變——許多人用它來表示許多不同的東西，但我們覺得一個慣例正在慢慢融合並形成。

3 最後檢查時，我們統計了 20 多種方法和變體。

— 並非所有架構師和工程師都完全了解他們正在從事的工作；除了小型、高效的團隊，並非所有團隊成員都對彼此的領域有相互熟悉。有鑑於此，我們稱之為盲人摸象（*https://oreil.ly/9EJxo*）開發方法。

— 一些團隊成員（希望只有少數）的想法可能不會與團隊目標利益一致，這表示他們可能會有防禦性的心態或故意提供誤導性陳述。

- 雖然你可能能夠閱讀程式碼，但這並不能向你展示系統全貌。如果你已經有程式碼要閱讀，你可能已經錯過了避免引入潛在嚴重錯誤的機會——即無法透過撰寫程式碼以減輕具有安全威脅的設計，並且有時候很難僅從程式碼中推導出覆蓋安全性的設計。
- 創建系統模型需要時間和精力。由於沒有什麼是靜態的，維護系統模型需要時間。系統的設計會隨著系統需求的修改而發生變化，以響應其實作面，所以你需要使系統模型與任何變化保持同步。

這些是安全議題社群內，一些長期成員對威脅建模作為開發生命週期中的防禦活動[4]，其實際使用表示擔憂的一些原因。老實說，上述這些原因對於實施威脅建模活動具有挑戰性。

但不要害怕！安全議題社群是一群頑強的人，他們從不羞於接受挑戰來解決現實世界的問題，尤其是那些讓你煩惱、痛苦和睡不著的問題。自動化可以幫助解決這些問題（見圖 4-1）。

圖 4-1 「非常小的 shell 腳本」（來源：*https://oreil.ly/W0Lqo*）

譯註1 1999：走開！不然我會用非常小的 shell 腳本換掉你

譯註2 2019：走開！不然我會用 YAML 檔換掉你

4 「DtSR 第 362 集——真正的安全是困難的」，Down the Security Rabbit Hole 播客，*https://oreil.ly/iECWZ*。

使用自動化的困難，在於系統的複雜性，以及程式相對無法完成人腦可以做得更好的事情：模式識別[5]。困難在於如何以電腦可以理解的方式表達系統，而無須實際創建系統。因此，有兩種相關的方法可用：

從程式碼進行威脅建模（*Threat modeling from code*）

　使用既有的程式語言或新定義的特定領域語言（DSL）來撰寫程式碼，在給定輸入資料的模型上執行威脅分析。

使用程式碼進行威脅建模（*Threat Modeling with Code*）

　使用電腦程式以解釋和處理提供給它的資訊，藉此識別威脅或漏洞。

只要你解決了 Garbage in, Garbage out（GIGO）問題，這兩種方法都可能有效。對自動化而言，你獲得的結果與你輸入的資料品質（系統及其屬性的描述）有直接關係。這兩種方法還要求分析中使用的演算法和規則是「正確的」，以便一組給定的輸入生成有效且合理的輸出。基於這兩種方法的任何一種實作方式，都可以消除對解釋系統模型和理解有關元素、互連和數據的資訊，來識別潛在安全問題指標的專業人才需求。當然，這確實需要框架或程式語言支持這種分析，並且能夠被正確的編碼以進行分析。

我們將先討論機器可讀格式的系統模型的構建，然後介紹每種類型的自動化威脅建模的理論，並提供其商業產品和開源專案的實作。在本章後半段（以及下一章），我們將利用這些概念來提供有關威脅建模技術的演化資訊，這些技術努力地在快速發展的 DevOps 和 CI/CD 世界中發揮作用。

從根本上說，威脅建模依賴輸入的資訊格式，其內容是否包含或者經過編碼，變成足以供你分析的資料；並且此資訊使你能夠識別威脅。當使用程式來執行威脅建模時，你會需要採用某種的描述形式來表示待評估的系統（例如，構成系統的實體、流或事件序列，以及支持分析和記錄結果所需的元數據），將這個描述形式輸入至威脅建模程式，它會分析系統並輸出結果，你通常可以選擇以圖表形式來呈現分析結果。

5 Ophir Tanz，「人工智慧能比人類更好地識別圖片嗎？」**企業家**，2017 年 4 月，*https://oreil.ly/Fe9w5*。

從程式碼進行威脅建模(Threat modeling from code)

Threat modeling from code 處理有關系統的資訊,並以機器可讀形式儲存,進而生成與弱點、漏洞和威脅相關的輸出。它基於資料庫或它應該尋找的事物規則集合來執行此操作,並且需要對非預期的輸入保有彈性(因為這些類型的應用程式需要輸入數據來解釋)。換句話說, threat modeling from code 是一種解釋性方法,從已創建系統模型中生成威脅資訊。

Threat modeling from code 也可以稱為*程式碼中的威脅建模*(*Threat modeling in code*),例如 Threatspec 的例子(在第 98 頁的「Threatspec」中描述)。

「threat modeling from code」一詞是思想的演變,它結合了系統如何捕獲、維護和處理資訊以識別威脅的兩個概念。在程式碼中進行威脅建模的想法來自 Izar 與 Fraser Scott(Threatspec 的創建者,稍後描述)的對話,該談話圍繞著程式碼模組可以將系統表示方式、威脅資訊與程式碼或其他文檔一起儲存,並且可以在整個生命週期中維護的概念。簡而言之,就是指可以處理資訊的工具,以輸出有意義的數據。在 threat modeling from code 中 —— 來自 Izar 和 ThreatPlaybook 的創建者 Abhay Bhargav 之間的另一次對話 —— 威脅資訊可以被編碼,但需要透過「某種形式的爭辯」並通過某種有意義的東西關聯起來。總結來說,這些範例構成了威脅建模即程式碼(threat modeling as code),這一不斷發展的領域的基礎,其中對各種來源的數據,如何對其解釋和運用是關鍵操作。

Threat Modeling from Code 如何運作?

在 threat modeling from code 中,你使用程式(程式碼)來分析以機器可讀格式創建的資訊,這些資訊描述系統模型、其元件以及有關這些元件的資料。該程式解釋其輸入的系統模型和數據,並使用威脅和弱點的分類以及檢測標準來(a)識別潛在的發現和(b)產生可以由人類解釋的結果。通常,輸出將是文本文檔或 PDF 類型的報告。

Threatspec

Threatspec 是一個適用於開發團隊和安全從業者的開源專案。它提供一種方便的方式來記錄威脅資訊並將其與程式碼關聯起來,使你能夠生成文檔或報告,從而做出明智的風險決策。Threatspec 由 Fraser Scott 在 *https://threatspec.org* 上編寫和維護。

Threatspec 在這類工具中之所以顯得特別不同，是因為它所能做的事情和不能做的事情：

- 它確實需要程式碼存在。
- 它確實使威脅資訊的記錄變得更加容易。
- 它本身不執行分析或威脅偵測。

使用 Threatspec 的一些好處包括：

- 透過使用開發人員熟悉的程式碼註釋功能，替他們帶來安全性
- 允許組織定義通用的威脅詞典和其他結構，供開發團隊使用
- 促進威脅建模和分析的安全討論
- 自動生成詳細且有用的文檔，包括圖表和程式碼片段

另一方面，雖然 Threatspec 是一種出色的工具，可以為開發人員提供一種使用威脅資訊對其程式碼進行註釋的方法，從而使安全性更貼近開發過程，但它也有一些缺點需要牢記。

首先，該工具具*要求*程式碼必須先存在，或者與註解一起創建，這可能意味著設計已經固定。在這種情況下，開發團隊主要是創建安全文檔，雖然這是非常有價值的事，但這與威脅建模的原始目標不同。實際上，對於這些類型的專案，將會把威脅建模作「安全性右移」，而這是錯誤的方向。

但 Threatspec 文檔確實清楚地表明，該工具最有效的使用，是在已經接受一切皆程式碼這種心態的環境中，例如 DevOps。對於那些位於設計與開發之間，雞生蛋、蛋生雞的關係與環境，不會是此工具的考量重點。Threatspec 最近還添加一項功能，能夠將此資訊放入可解析的純文本格式檔案中，無須編寫程式碼即可記錄威脅和註釋。這也許能幫助在開發生命週期具有更多結構、遵循更嚴格的系統工程實踐的團隊可減輕潛在的擔憂。

其次，開發團隊除了需要專業知識，也需要專家的指導，了解什麼是威脅以及如何描述它，這代表你無法直接解決可擴展性的問題。正如該工具的文檔所述，這種方法適用於開發團隊和安全人員之間的討論或指導練習。但在這樣做的過程中，會增加安全專家的工作瓶頸，並使得可擴展性進一步受到挑戰。對開發團隊進行廣泛的培訓可能會克服這一障礙，或者在開發團隊中嵌入實踐安全性的工具，可能有助於促進程式碼開發時期，與安全人員間更有效率的對話。

未來 Threatspec 可能特別適合獲取靜態程式碼分析工具的輸出，並根據程式碼的性質進而生成描述威脅的註釋（而不只是開發人員能夠或願意記錄的內容）。因為 Threatspec 可以直接訪問原始碼，所以它可以作為增強功能以執行驗證活動，並在發現威脅、風險或弱點時直接向原始碼提供反饋。最後，將威脅擴展到功能安全和隱私領域，就可以全面了解系統的安全、隱私和安全狀況，這在與合規性管理人員或監管機關（例如，PCI-DSS 合規、GDPR、或其他監管環境）打交道時尤為重要，除此之外，也可以用來指導根本原因或危害分析，作為後續活動。

你可以從 GitHub 網站（*https://oreil.ly/NGTI8*）下載 Threatspec。它需要 Python 3 和 Graphviz（*https://www.graphviz.org*）來運行和生成報告。Threatspec 的創建者活躍於安全社群，尤其是 OWASP 威脅建模工作小組和 Threatspec Slack 頻道，並鼓勵使用者對該工具的貢獻和反饋。

ThreatPlaybook

ThreatPlaybook 是一個由 Abhay Bhargav 領導的 we45 成員所貢獻的開源專案。它市場定位是作為「DevSecOps 框架『用於』應用程式安全測試自動化的協作威脅建模」。它向開發團隊提供一種方便的方式來記錄威脅資訊，並推動安全漏洞檢測和驗證的自動化。ThreatPlaybook 有穩定版（V1）和測試版（V3）；沒有 V2 版本[6]。

ThreatPlaybook 的專長，是促進威脅建模資訊的使用：

- 它使建立威脅資訊的文檔更容易。
- 它與其他安全工具連接以編排和驗證漏洞，例如通過安全測試自動化。
- 它並不自行執行分析或威脅檢測。

ThreatPlaybook 使用 MongoDB 中的 GraphQL（*https://graphql.org*），以及基於 YAML 的使用案例描述和具有描述性結構的威脅資訊，以支持漏洞驗證的測試編排。它還提供一個完整的 API、一個功能強大的客戶端應用程式和一個不錯的報告產生器。對於測試自動化整合，它有兩個選項：原始的 Robot Framework Libraries[7] 和 V3 版本中它自己的 Test Orchestration Framework 功能。文檔表明 ThreatPlaybook 與 OWASP Zed Attack Proxy（*https://oreil.ly/-MRM1*）、PortSwigger 的 Burp Suite（*https://oreil.ly/59620*）和 npm-audit（*https://oreil.ly/ZvpkT*），有很好的整合。

6 有關詳細資訊，請參閱 ThreatPlaybook 文檔，網址為 *https://oreil.ly/lhSPc*。
7 請參閱 Robot Framework，這是一個用於測試的開源框架，網址為 *https://oreil.ly/GWGKP*。

你可以從 GitHub 網站（*https://oreil.ly/Z2DZd*）或者透過 Python 套件管理器 pip 下載 ThreatPlaybook。一個配套網站（*https://oreil.ly/KVrxC*）有很好但有些稀疏的文檔和教學影片，解釋如何安裝、配置和使用 ThreatPlaybook。

使用程式碼進行威脅建模（Threat Modeling with Code）

與前面描述的 Threatspec 和 ThreatPlaybook 不同，它們是使用程式碼來促進系統開發生命週期中的威脅建模活動的範例。而 threat modeling with code 是採用既有的程式語言或新定義的特定領域語言（DSL），對架構或系統描述進行編碼，以執行自動威脅識別分析和產生報告。遵循「with code」範例的實用程式，是可以讀取系統模型資訊並生成有意義結果的工具，這些結果封裝了知識和安全專業人員的專業知識，並使安全專業人員能夠擴展至更大的開發者社群。

Threat Modeling with Code 如何運作？

用戶用程式語言編寫程式來建構系統及其元件的表示式，以及有關這些元件的資訊。該程式在其程式碼中描述有關系統的資訊，並為執行分析提供了約束條件。生成結果的過程中使用一組 API 對建模的系統狀態和屬性執行威脅分析。當「原始碼」被編譯和執行（或直譯，取決於所用語言的具體情況）時，生成的程式會根據建模系統的特徵和約束，以生成安全威脅發現結果。

至少從 1976 年起，亞利桑那大學教授 A. Wayne Wymore 發表了《跨學科團隊系統工程方法論》（*Systems Engineering Methodology for Interdisciplinary Teams*）（Wiley），不在白板上繪圖就創建模型的概念已經存在。本書和隨後的其他書籍，稱其為——基於模型的系統工程（*https://oreil.ly/oPYSL*）（MBSE），並依此在技術領域奠定了基礎。業界從 MBSE 中吸取的經驗，影響了第 1 章中引用的系統建模構造，以及我們將要簡略討論的用於計算分析的描述系統的語言[8]。

架構描述語言（ADL）用以描述系統的表示式，與 ADL 相關的是系統設計語言或 SDLs（*https://oreil.ly/BbyQZ*）。在一組 ADL 中，兩種相關語言提供了構建和分析系統模型以查找安全威脅的能力[9]：

8 A. Wymore 的自傳可在亞利桑那大學網站（*https://oreil.ly/mPG3s*）上找到。

9 ADL 的民調可從 Stefan Bjornander 的「架構描述語言」中獲得，*https://oreil.ly/AKo-w*。

- 架構分析和設計語言，或簡稱 AADL（*https://oreil.ly/lZdg0*）
- Acme（*https://oreil.ly/rVV2G*）描述語言，被使用在基於元件的系統建模

系統工程在創建嵌入式和實時系統的系統模型時，使用更大、更具表現力的 AADL。尤其是在航空電子和汽車系統領域，這些領域需要功能安全——當涉及到系統行為須保護人類乘員健康和生命的特性。

ACME 的表現力較低，因此更適用於不太複雜或規模較小（由系統內元件和其相關的交互行為之數量而定義）的系統。ACME 也是一種免費提供的語言規範，而 AADL 需要付費許可證（*https://oreil.ly/zotv4*），但仍然有一些培訓材料是免費提供的，因此你可以熟悉該語言[10]。

這些語言介紹了系統和軟體工程師至今仍在使用的簡單概念。你可能會注意到與我們在第 1 章中描述的概念有些相似之處：

元件
: 表示功能單元，例如流程或數據儲存

連接器
: 在元件之間建立關係和通訊管道

系統
: 表示元件和連接器的特定配置

通訊埠
: 元件和連接器之間的交互點

角色
: 提供對系統內元素功能的有用見解

屬性或註解
: 提供有關可用於分析或記錄的每個結構資訊

10 「AADL 資源頁面」，Open AADL，*http://www.openaadl.org*。

在 ACME 和 AADL（*https://oreil.ly/yKn-I*）中，通訊埠作為物件和通訊流之間的連接點存在。我們對建模技術的討論也使用了這個概念，既透過繪圖和手動分析技術，也透過使用具有屬性的物件的自動化方法。我們建議將此技巧作為對傳統 DFD（如第 1 章所述）的強化，以提高系統模型的可讀性。此概念還支持將架構上約束條件或功能，包含到系統模型之中。其中，對於具有多個資料流的複雜系統而言，單獨在資料流上保留協定或資料欄位的保護，會使分析變得更難。此時，請善用通訊埠幫助進行此分析並呈現你的圖表。

用於威脅建模的極簡架構描述語言

描述和分析系統模型需要哪些資訊？讓我們重溫一下你在第 1 章所學到有關「手工」繪製系統模型表示式，你需要以下資訊：

- 系統中存在的實體
- 這些實體之間如何互動——哪些元素透過資料流相互連接
- 元素和資料流的特徵

這些是描述系統模型的核心要求，以便自動化可以識別代表潛在弱點和威脅的模式。更具體地說，描述系統的語言或結構，必須允許你指定基本實體關係並描述元素（和元素集合）、通訊埠和資料流的核心單元。

此外，當你構建系統的表示式時，你應該在系統及其元素的物件屬性中包含**元數據**——誰、做什麼和為什麼。有多種原因表明這是必要的，因為可藉由元數據來執行以下操作：

- 元數據提供有助於識別安全控制、流程中漏洞的背景資訊，以及生成報告或文檔讓開發團隊使用。此元數據包括諸如系統模型中物件的名稱、應用程式或程序名稱、誰或哪個團隊負責其實作和維護、物件在系統中的一般用途等項目。
- 為每個物件分配一個簡短的識別符，將來可更容易參考並促進文檔和圖表的呈現。
- 允許你提供特定資訊，例如所考慮的系統管理和儲存的數據之價值（財務價值，或數據對系統用戶的重要性）。你還應該提供系統功能所產生的價值、系統支持風險識別和優先等級排序的程度，以及文檔所需的其他資訊。此資訊並非識別安全問題所必需的，但在你執行風險評估、優先等級排序和報告時，應將其視為必需的資訊。

元素與其集合

物件連接到系統中的其他物件，並具有與威脅分析相關的屬性；則稱這些物件為元素。元素可以表示一個過程、一個物件或單一個體（參與者）。元素還代表系統內的資料。資料可以與元素或資料流相關聯（有關詳細資訊，請參閱第 102 頁的「資料和資料流」）。

集合是一種特殊形式的元素，集合形成元素的抽象關係分組（並且透過擴展它們的資料流或任何隨機的孤立元素和通訊埠）來建立共通性或參考點以供分析。它們允許你創建一組其價值或目的在某種程度上對你很重要的項目表示式。分組還有個好處是可以為集合內的個別元素提供分析——如果某些元素作為組的一部分運行或存在，這可能會提供有關它們共享功能的線索，而每個元素本身不會表明這些功能。推薦的集合方式包括以下內容：

系統

系統集合允許你使用一組元素來表示其包含更大複合元素成員。考量對於繪圖和不同粒度分析的目標，系統可以表示為集合或元素。正如我們在第 1 章所討論的，在繪製系統模型時，是一個從元素開始，並將其分解為具有代表性的子部分之過程。回想一下，在創建系統環境或初始層以顯示系統的主要元件時，會使用單個圖形來表示子組件的集合；當繪製更具體的細節時（例如，將圖表拉近放大），原本代表的那部分變得更單一個體。當使用描述語言創建系統模型時，需要單獨指定其代表哪一個部分，為方便起見，可以將它們組合在一起（通常是透過分配共享的標籤或指示它們之間的關係）。

執行環境

在分析過程中，能夠考慮程序執行的環境或數據單元的範圍至關重要。使用執行環境集合，將諸如程序之類的事物與其運行範圍內的虛擬或物理 CPU、計算節點、作業系統等其他事物關聯在一起。了解這一點，有助於你識別跨環境的問題和其他濫用機會。

信任邊界

元素的集合可能是純粹抽象的和任意的，不需要實體或虛擬的相鄰關係，只要它對你有意義即可。在系統模型中定義物件時，並不是所有的系統元件都是已知的。因此，能夠將一組元素關聯為共享信任關係的集合，或者它們與不在集合中的其他元素之間的信任發生變化的集合，可能會很有幫助。

物件的屬性或特徵，通常是由與節點（元素的另一個名稱）關聯的資訊被編碼而成，並為分析和文檔提供關鍵資訊。為了支持正確的系統模型檢查和威脅分析，元素需要具有基本屬性[11]。此處展示了一個代表性範例：

```
Element:
  contains        ❶
  exposes         ❷
  calls           ❸
  is_type:        ❹
    - cloud.saas
    - cloud.iaas
    - cloud.paas
    - mobile.ios
    - mobile.android
    - software
    - firmware.embedded
    - firmware.kernel_mod
    - firmware.driver
    - firmware
    - hardware
    - operating_system
    - operating_system.windows.10
    - operating_system.linux
    - operating_system.linux.fedora.23
    - operating_system.rtos
  is_containerized                    ❺
  deploys_to:
    - windows
    - linux
    - mac_os_x
    - aws_ec2
  provides
    - protection                      ❻
    - protection.signed
    - protection.encrypted
    - protection.signed.cross         ❼
    - protection.obfuscated
  packaged_as:                        ❽
    - source
    - binary
    - binary.msi
    - archive
  source_language:                    ❾
    - c
```

11 有許多可能的方式來表示系統中的物件；這裡顯示了基於我們研究的一組理想化或代表性的屬性。該列表已被修改並放置在本文中，原始列表可在 *https://oreil.ly/Vdiws* 找到。

```
    - cpp
    - python
  uses.technology:                 ⑩
    - cryptography
    - cryptography.aes128
    - identity
    - identity.oauth
    - secure_boot
    - attestation
  requires:                        ⑪
    - assurance
    - assurance.privacy
    - assurance.safety
    - assurance.thread_safety
    - assurance.fail_safe
    - privileges.root
    - privileges.guest             ⑫
  metadata:                        ⑬
    - name
    - label
    - namespace
    - created_by
    - ref.source.source            ⑭
    - ref.source.acquisition       ⑮
    - source_type.internal         ⑯
    - source_type.open_source
    - source_type.commercial
    - source_type.commercial.vendor
    - description                  ⑰
```

❶ 連接到此元素的元素列表（數組或字典）（例如，系統的系統），其中可能包括數據

❷ 通訊埠節點列表

❸ 從一個元素到另一個元素，建立資料流

❹ 元素具有類型（通用或特定）

❺ 布林值可能是 True 或 False，或（set）或（unset）

❻ 通用保護方案

❼ 使用 Microsoft Authenticode 交叉簽名的保護措施

❽ 使用的元素是什麼形式？

❾ 如果系統是軟體或包含軟體，那該軟體使用的是什麼語言？

❿ 元件使用的特定技術或功能

⓫ 對元件而言，其先決條件是什麼（需要依賴什麼）？

⓬ 只設定可以使用的值，並且注意屬性間發生衝突

⓭ 報告、參考和其他文檔的一般資訊

⓮ 參考的原始碼或文檔的所在位置

⓯ 此元件的引用來源（可能是儲存該專案的網站）

⓰ 該元件是一個內部來源

⓱ 任意用戶的自定義資訊

元素應該支持與其他實體或物件的特定關係：

- 元素可以包含其他元素。
- 元素可能會**暴露**通訊埠（通訊埠在下一節中描述）——通訊埠與數據相關聯。
- 元素可以透過通訊埠**連接**到其他元素，從而建立資料流。
- 一個元素可以**調用**另一個元素（例如，可執行檔調用共享的函式庫時）。
- 元素可以讀取或寫入數據。（數據物件在第 102 頁的「資料和資料流」中進行描述。）

通訊埠

通訊埠代表一個入口或連接點，節點之間的交互行為發生在這裡。通訊埠由節點（尤其是代表執行程序的節點）公開，並與通訊協定相關聯。若是期望流經通訊埠的流量受到安全性保護，通訊埠可提供方法保護暴露的通訊渠道，確保滿足安全需求；例如通訊埠本體採用實體安全連接介面，或者暴露通訊埠的節點開啟 TLS 以保護流量。

考量電腦程式的計算力和可讀性[12]，依據不同協定來隔離通訊流是至關重要的事。由於不同的協定可能會提供不同的配置選項，這些選項可能會影響設計的整體安全性，因此請盡量避免不恰當的配置選項使通訊流過載。例如，一個運行 HTTPS 的伺服器端，在相同服務和相同通訊埠進行 RESTful 互動和 WebSocket 連線，應該使用兩個通訊流。同樣，如果程序在相同介面上同時支援 HTTP 和 HTTPS 的話，應該在模型中描述為不同通訊渠道，這將有助於分析系統。

12 與任何優秀的程式碼一樣，簡單性是讓程式清晰地流向「下一個維護者」的最佳方式。

與通訊埠相關的屬性可能包括以下內容：

```
Port:
  requires:                  ❶
    - security               ❷
    - security.firewall      ❸
  provides:                  ❹
    - confidentiality
    - integrity
    - qos
    - qos.delivery_receipt
  protocol:                  ❺
    - I2C
    - DTLS
    - ipv6
    - btle                   ❻
    - NFS                    ❼
  data:                      ❽
    - incoming               ❾
    - outbound               ❿
    - service_name           ⓫
    - port                   ⓬
  metadata:                  ⓭
    - name
    - label
    - description            ⓮
```

❶ 對通訊埠而言，其先決條件是什麼（需要依賴什麼）？

❷ 當設置安全屬性後，這表示需要某種形式的安全機制來保護通訊埠

❸ 這個通訊埠必須有防火牆來保護它（作為一個具體的安全保護範例）

❹ 該通訊埠提供哪些功能？

❺ 通訊埠使用什麼協定進行通訊[13]？

❻ 低功耗藍牙

❼ 網絡文件系統

❽ 什麼數據與此通訊埠關聯？

❾ 傳輸到此通訊埠的資料（數據節點、列表）

❿ 從此通訊埠傳輸出去的數據（數據節點、列表）

13 對於不熟悉 I2C 的讀者，請參閱 Scott Campbell 的「I2C 通訊協定基礎知識」（*https://oreil.ly/2YkQX*）電路基礎知識頁面。

⓫ 描述公開的服務，尤其是當此物件代表一個眾所周知的服務時[14]

⓬ 綁定在此通訊埠的數字，如果是已知號碼的情境（不是臨時的）

⓭ 報告、參考和其他文檔的一般資訊

⓮ 任意用戶的自定義資訊

資料和資料流

資料流（有關資料流的範例，請參見第 1 章）有時稱為邊，因為它們成為圖表中的連接線[15]。資料流是數據物件在元素之間（以及通過通訊埠）傳輸的路徑。

你可能想知道為什麼將資料與資料流分開很重要或很有用。答案是，通訊渠道通常只是一條路徑或管道，任意資訊都可以在其上傳播，類似於高速公路。對於流經資料渠道的數據，渠道本身通常沒有關於該數據敏感性的背景資訊，並且渠道也沒有任何商業價值、關鍵性或其他可能影響其使用或保護要求的因素。通過使用數據節點並將它們與資料流相關聯，你可以創建一個抽象的系統來表示跨資料流傳遞不同數據類型。

這可能是顯而易見的，但你應該將資料流本身的數據分類設定成最嚴格的分類模式，因為這將推動對資料流的要求，以保護在其中傳遞的數據。這也會允許系統表示式被模板化以支持各種不同的分析，結合測試與資料流關聯的各種數據組合，來預測何時可能出現安全問題。

這些是一些建議的數據屬性：

```
Data:
  encoding:
    - json
    - protobuf
    - ascii
    - utf8
    - utf16
    - base64
    - yaml
    - xml
  provides:
    - protection.signed
    - protection.signed.xmldsig
    - protection.encrypted
  requires:
```

14 請參閱「服務名稱和傳輸協定通訊埠號碼註冊」，IANA，*https://oreil.ly/1XktB*。

15 有關邊和圖的討論，請參閱 Victor Adamchik 的「圖論」，*https://oreil.ly/t0bYp*。

```
    - security
    - availability
    - privacy
    - integrity
  is_type:                          ❶
    - personal
    - personal.identifiable         ❷
    - personal.health               ❸
    - protected
    - protected.credit_info         ❹
    - voice
    - video
    - security
  metadata:                         ❺
    - name
    - label
    - description                   ❻
```

❶ 該物件代表的數據類型

❷ 個人可識別資訊（PII）

❸ 受保護的健康資訊（PHI）

❹ 支付卡產業資料安全標準所保護的資料

❺ 報告、參考和其他文檔的一般資訊

❻ 任意用戶的自定義資訊

暴露通訊埠的服務雖然定義了資料流的能力和屬性（資料流會繼承通訊埠所代表的屬性）。為資料流建立元數據仍然是有幫助的，例如，在生成圖表或報告時可以區分每個資料流。

其他的模型描述語言

為了豐富你的知識，我們來討論幾種其他語言，其中一些屬於 SDL 類別。如果你有興趣，我們鼓勵你深入地研究它們。

通用資訊模型或 CIM（*https://oreil.ly/TpaVq*）是一種分散式任務管理組（DMTF）標準，用於計算系統及其屬性，表示其資訊的詳細程度。你可以使用 CIM 和適用於 Linux 系統的 SBLIM（*https://oreil.ly/OuEvz*）等變形方法，來了解和記錄系統的配置，以執行策略編排和配置檔管理等任務。有關註釋系統模型時要使用什麼樣的數據類型，請查閱 CIM 提供的可用屬性列表，以正確地描述系統的規格。

統一建模語言，也就是 UML（*https://www.uml.org*）是一個被物件管理組織，或稱為 OMG（*https://oreil.ly/28YEs*）所接納管理的標準，非常傾向於描述以軟體為中心的系統。你可能已經熟悉 UML，因為它通常是計算機科學課程中的一部分，循序圖（我們在第 1 章中討論過）也是 UML 規範的一部分。最近，學術層面的研究表示，在尋找識別威脅時，更多地使用 UML 來描述軟體系統，而不是用於識別這些威脅的分析 [16]。

系統建模語言（SysML）（*http://www.omgsysml.org*）也是 OMG 標準。比起 UML，這種 UML 變形方法旨在更直接地適用於系統工程，而不是僅指軟體。SysML 向 UML 添加了兩種圖表類型，並略微修改其他幾種圖表類型，以刪除特定於軟體為中心的結構，但總體上將可用圖表從 13 種減少到 9 種 [17]。理論上，這使 SysML「更輕量化」和功能更強大以供一般系統工程使用。儘管在撰寫本文時，威脅自動化分析的案例研究仍然相當有限，但是對於那些依賴高度結構化的系統工程流程的公司和組織，當然還有學術界，都已經發表了關於如何應用 SysML 為威脅建模系統的案例研究 [18,19]。

在 UML 和 SysML 中，可用的系統模型或抽象類型，以及可以與它們關聯的資料都是威脅建模領域應用的關鍵，特別是透過程式碼進行威脅建模的話。兩者都提供一種方法來指定物件和交互行為，以及關於這些物件和交互行為的參數。兩者的資料交換格式也都使用 XML，而 XML 正是被設計來由電腦應用程式處理的資料格式，這使得它非常適合創建可以分析威脅的系統模型。

圖與元數據分析

我們來看一下圖 4-2 中所示的簡單範例。

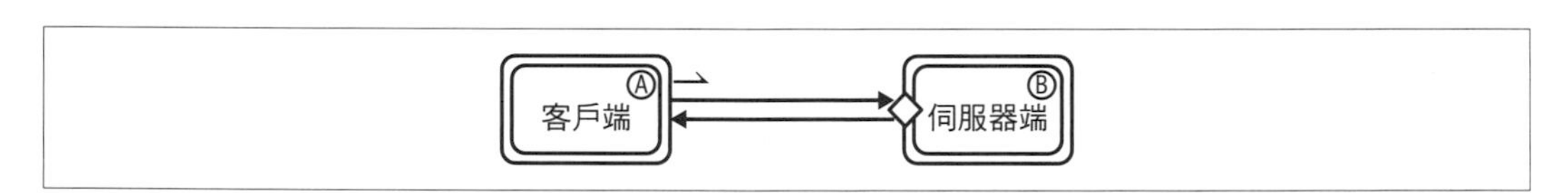

圖 4-2　簡單的客戶端 / 伺服器端的系統模型

16 Michael N. Johnstone，「使用 Stride 和 UML 進行威脅建模」，澳大利亞資訊安全管理會議，2010 年 11 月，*https://oreil.ly/QVU8c*。

17 「SysML 和 UML 之間的關係是什麼？」SysML 論壇，2020 年 10 月訪問，*https://oreil.ly/xL7l2*。

18 Aleksandr Kerzhner 等人，「使用基於模型的系統工程分析網絡實體系統的網絡安全威脅」，*https://oreil.ly/0ToAu*。

19 Robert Oates 等人，「使用 SysML 進行基於模型的安全感知系統工程」，*https://oreil.ly/lri3g*。

圖 4-2 中伴隨著註釋的系統圖：

- 客戶端程式用 C 語言撰寫，並呼叫伺服器通訊埠 8080 上的服務以驗證客戶端的用戶。
- 伺服器端檢查內部資料庫，如果客戶端發送的資訊與預期相符，則伺服器向客戶端返回授權令牌。

戴上你的安全工作帽子（如果你需要重溫身分驗證和其他適用的缺陷，請參閱〈導論〉）並確認這個簡單系統模型中的安全問題[20]。現在，想想你是**如何**得出你所做的結論的。你可能查看了系統模型，查看了作為註釋提供的資訊，並確定了潛在的威脅。你對儲存在你記憶體中的威脅資訊資料庫進行了模式分析，這是開發團隊的安全顧問經常做的事情，也是可擴展性的挑戰之一——沒有足夠的「記憶體」和「計算能力」來應對。

這種模式分析和推斷對人腦來說很容易做到。我們的大腦，如果有正確的知識，可以很容易地看到模式並做出推斷。我們甚至有潛意識，讓我們對自己的分析有「直覺」，會在看似隨機和模棱兩可的事物之間建立聯繫。我們甚至沒有處理大腦在思考時採取的所有步驟；我們的想法就「自然而然地發生」。與我們的大腦不同，電腦做事很快，但它們需要了解所需的每個步驟和過程。電腦無法推斷或假設。因此，我們認為理所當然的事情，都需要對電腦進行編寫程式才能完成。

那麼，電腦程式將如何分析這種情況呢？

首先，你需要開發一個分析框架。該框架必須能夠接收來自模型的輸入並執行模式分析、得出推論、建立因果之間的連結並偶爾進行猜測，以產生人類可以解釋為有意義的結果。準備好使用那樣的 AI 了嗎？

實際上，這並不是什麼大挑戰，而且這樣的概念已經存在有一段時間了。基本方法很簡單：

1. 使用 ADL 之類的東西，創建一種用資訊來描述系統表示式的格式。
2. 創建一個程式來解譯系統模型資訊。
3. 擴展這個程式，讓它可以依據一組規則以執行分析，而這些規則管理系統模型中存在的資訊模式。

20 提示：使用此系統模型至少會帶來五種潛在威脅，例如欺騙和盜竊憑證。

那麼讓我們再看一下圖 4-3 中的那個簡單範例。

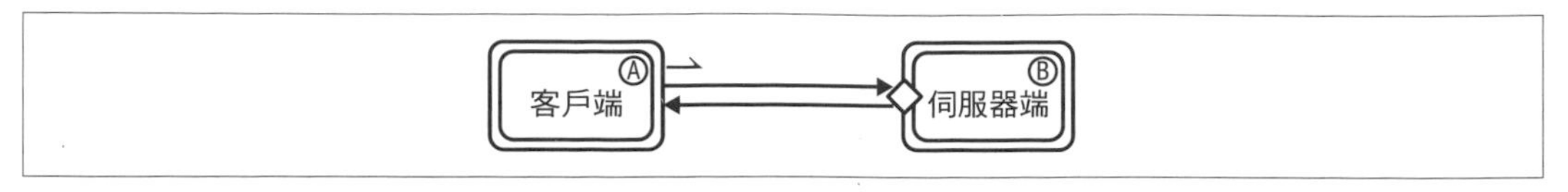

圖 4-3 重新審視簡單的客戶端 / 伺服器端的系統模型

現在，讓我們使用本章前面所提及的理想化描述語言來描述系統模型中的資訊。為了在系統模型中明確引用每個物件，我們為每個物件使用一個佔位標識符，並將屬性連接到該標識符：

```
# Describe 'Node1' (the client)
Node1.name: client
Node1.is_type: software
Node1.source_language: c
Node1.packaged_type: binary

# Describe 'Node2' (the server)
Node2.name: server
Node2.is_type: software

# Describe 'Node3' (an exposed port)
Node3.is_type: port
Node3.port: 8080
Node3.protocol: http

# Establish the relationships
Node2.exposes.port: Node3
Node1.connects_to: Node3

# Describe the data that will be passed on the channel
Data1.is_type: credential
Data1.requires: [confidentiality, integrity, privacy]
Data1.metadata.description: "Data contains a credential to be checked by
the server"

Data2.is_type: credential
Data2.requires: [confidentiality, integrity]
Data2.metadata.description: "Data contains a session token that gives/
 authorization to perform actions"

Node3.data.incoming = Data1
Node3.data.outbound = Data2
```

很明顯地，在前面的範例中（我們只是出於解釋目的而完全編造和創建的），你可能會注意到一兩件值得關注的事情，你的大腦能夠推斷出某些屬性的含義以及系統可能的樣子。在第 3 章中，你學習了如何確定範例系統中可能存在的一些漏洞。

但是電腦程式會如何完成同樣的任務呢？需要對它進行編寫程式才能做到這一點——它需要一組規則和結構來將資訊拼湊在一起，以獲得分析所需的結果。

構建規則意味著查看可用的威脅資源並確定揭示威脅的「指標」是可能的。CWE 架構概念列表（*https://oreil.ly/pKzO4*）或 CAPEC 攻擊機制（*https://oreil.ly/oulfi*）是值得考慮的優秀資源庫。

你可能已經注意到，我們在整本書中多次提到了 CWE 和 CAPEC 資料庫。我們特別喜歡將它們作為中心資源，因為它們是公開的，並且充滿了安全社群專家提供的可消費和適用資訊。

對於我們的示範，讓我們看一下規則的兩個可能來源：

- CWE-319：敏感資訊的明文傳輸漏洞（Cleartext Transmission of Sensitive Information）（*https://oreil.ly/6psXE*）
- CAPEC-157：網絡監聽攻擊（Sniffing Attacks）（*https://oreil.ly/xg2A1*）

CWE-319 告訴我們，當「軟體在通訊渠道中以明文形式傳輸敏感或安全關鍵資料，這些資料可能會被未經授權的有心人士嗅探時，就會出現弱點。」從這個簡單的描述中，你應該能夠識別系統中是否有此潛在威脅之指標存在：

- 處理程序：執行特定行為。
- 「傳輸」：指軟體內的某個單元與另一個元件進行通訊。
- 「敏感或是安全關鍵資料」：對攻擊者而言是有價值的數據。
- 沒有加密：在通訊渠道上或直接保護數據封包（這些條件之一需要存在）。
- 衝擊：機密性。

CAPEC-157 把這種針對敏感資訊的攻擊，描述為「在這種攻擊模式中，攻擊者攔截兩個第三方之間傳輸的訊息。攻擊者必須能夠觀察、閱讀或者聽到通訊流量，但不一定能阻止通訊或更改其內容。如果攻擊者可以檢查發送者和接收者之間的內容，理論上任何傳輸媒介都可以被監聽。」從這個描述中，我們獲得了攻擊者如何執行此攻擊的詳細資訊：

- 兩方（端點）之間的流量被攔截。
- 攻擊是被動的；預計不會修改或阻斷服務。
- 攻擊者（使用者）需要能夠訪問通訊渠道。

那麼有了這兩個描述，我們可能會考慮以下統一規則（以純文字表示）：

- 來源端點與目標端點間的通訊。
- 端點之間的資料流包含敏感數據。
- 資料流未經加密保護以至於影響機密性。

在系統中存在這些條件的影響，將使惡意行為者能夠透過監聽以獲取敏感資訊。

識別此模式並指出威脅存在條件的程式碼可能如下所示（在虛擬碼中，省略所有安全檢查）：

```
def evaluate(node n, "Threat from CWE-319"):
    if n.is_type is "software":
        for i in range(0, len(n.exposes)):
            return (n.exposes[i].p.data.incoming[0].requires.security)
            and
            (n.exposes[i].p.provides.confidentiality)
```

這是一個利用工具或自動化可以完成的極簡化範例。執行此模式匹配的更有效演算法當然存在，但希望透過此範例能讓你了解，威脅建模是如何使用程式碼執行自動威脅檢測。

雖然 threat modeling with code 是一個非常巧妙的技巧，但是 threat modeling from code 使自動化威脅建模技術可能更容易獲得。在這種範例中，既不是使用程式碼來協助管理威脅資訊，也不是使用程式來分析「帶有程式碼」的模型的純文字描述部分，以將模型的構造與規則相匹配以確定威脅；而是編寫一個實際的程式，「自動」執行威脅建模分析和渲染。

為了達成這個目標，程式作者需要創建邏輯和 APIs 來描述元素、資料流等以及可供分析的規則，然後開發人員使用 API 來創建可執行程式。程序碼的執行（有或沒有預編譯，取決於 API 的語言選擇），大致上有以下基本步驟：

1. 翻譯描述物件的指令以構建系統的表示式（例如圖形，或只是屬性陣列，或程式內部的其他表示方式）。
2. 載入一組規則。

3. 依據規則集合執行模式匹配，遍歷所有物件以識別結果。

4. 基於範例樣板生成結果，並將其圖形繪製為人類在視覺上（希望）可以接受的圖表，用於輸出詳細的發現資訊。

編寫自動生成威脅資訊的程式碼，有以下好處：

- 作為一名開發人員，你已經習慣於編寫程式碼，因此這為你提供一個機會，讓你可以根據自己想要的條件進行開發。
- 威脅建模即程式碼（threat modeling as code）的實踐，可符合萬物即程式碼（everything as code）的精神或 DevOps 的理念。
- 作為開發人員的你，可以上傳程式碼並將其置於已經習慣的版本控制工具之下，這應該有助於資訊的採用和管理。
- 如果構建出來的 APIs 以及函式庫，有包含安全專業人員的專業知識，並且支持動態載入規則以進行分析的功能，那麼相同的程式可以應用於多種不同的專業領域。如果有新的研究或威脅情報揭示了新的威脅，受益於動態載入的功能，因此安全規則會始終保持在最新狀態，程序可以重新分析以前在程式碼中描述的系統，而無須更改模型或重做任何工作。

但是，此方法也有一些缺點需要考慮：

- 像你這樣的開發人員，已經是每天編寫程式碼來為你的企業或客戶創造價值。如果再編寫額外的程式碼來記錄你的系統架構，似乎是一種額外的負擔。
- 現今可用的程式語言如此之多，找到你的開發團隊使用（或支援整合）的程式語言的工具包的可能性，可能是一個挑戰。
- 這個方法的重點仍然放在開發人員身上，他們作為程式碼的維護者，需要具備理解物件導向程式設計和函數（以及調用約定等）等概念的技能。

雖然這些挑戰並非不可克服；然而，來自程式碼領域的威脅建模方法仍然不成熟。基於支援程式碼模組和 API 的考量，我們可以執行 threat modeling from code 的最佳範例是 pythm 開源專案。

免責聲明：作為開源專案的創建者及領導者，我們真的非常非常非常偏向 pytm。我們希望在本書中公平對待威脅建模自動化領域的所有偉大創新。但老實說，我們認為 pytm 確實已提供可操作和有效的威脅建模方法，從而彌平安全從業者和開發團隊之間的鴻溝。

pytm

我們寫這本書的主要原因之一，是真誠地希望參與開發的每個人能夠立即獲得資訊，幫助他們在安全軟體開發生命週期中，進一步發展他們的安全能力。這就是我們談論培訓、「像駭客一樣思考」的挑戰、攻擊樹和威脅資源庫、規則引擎和圖表的原因。

作為經驗豐富的安全從業者，我們從開發團隊聽到了許多反對使用威脅建模工具的論點：「它太龐大複雜了！」「它不是與平台架構無關的；我透過 *X* 進行工作，而該工具只能在 *Y* 環境使用！」「我沒有時間再學習一個應用程式，而且我需要為了使用這個應用程式去學習一種全新的語法！」

除了出現大量驚嘆號之外，這些聲明中的一個常見模式是要求開發人員走出他們的舒適圈，並在他們的工具箱中再添加一項技能，或者中斷熟悉的工作流程並添加一個與業務無關的流程。因此，我們心想，如果我們改為嘗試將威脅建模流程，修改為近似於開發人員已經熟悉的流程會怎樣？

正如在持續性威脅建模（我們將在第 5 章進行深入描述）中可以看到的，對開發團隊已知的工具和流程的依賴，有助於在流程中建立共通性和信任感。畢竟你已經對這些工具流程感到滿意並且每天都在使用它們。

接著我們便研究了自動化，威脅建模的哪些領域給開發團隊帶來的挑戰最大？一般來說，可能的因素有：識別威脅、繪製圖表和註釋，並以最小的努力使威脅模型（以及系統模型）保持在最新狀態。儘管我們對使用描述語言這件事開玩笑，但它們仍屬於「團隊需要多學習的一件事」，並且他們在開發過程中會感覺應用程式變得很複雜繁重，因此使得團隊需要試圖讓它變得更輕盈一些。那我們如何幫助開發團隊實現兼顧效率和可靠性目標，同時達成我們的安全教育目標呢？

然後我們感到震驚：為什麼不以物件導向的方式將系統描述為物件的集合，使用一種眾所周知的、簡單的、可訪問的、現有的程式語言，並從該描述中生成圖表和威脅？加入 Python 的使用者族群，你就擁有了它：一個用於威脅建模的 Pythonic 函式庫。

身為一個 OWASP 孵化器專案，pytm 專案可在 *https://oreil.ly/nuPja* 和 *https://oreil.ly/wH-Nl* 下載，除了在我們自己的公司和其他公司內部採用之外，pytm 在誕生的第一年就引起許多人對威脅建模社群的興趣。Jonathan Marcil 在 OWASP Global AppSec DC（*https://oreil.ly/yrf1q*）等熱門的安全研討會上的演講和工作坊，以及在 Open Security Summit（*https://oreil.ly/SGrB0*）上的討論，甚至被 Trail of Bits（*https://oreil.ly/iWv7O*）在其 Kubernetes 威脅模型中使用，這些都表明我們正朝著正確的方向前進！

pytm 是一個開源函式庫，它從包括該工具的共同創建者 Nick Ozmore 和 Rohit Shambhuni 在內的討論、相關工作和其他個人參與者的想法添加中獲益匪淺；特別是 Pooja Avhad 和 Jan Was，負責許多核心修補程式和更新項目。我們期待社群的積極參與，讓它變得更好。將此視為號召性用語！

這是使用 pytm 的系統描述範例：

```
#!/usr/bin/env python3  ❶


from pytm.pytm import TM, Server, Datastore, Dataflow, Boundary, Actor, Lambda  ❷


tm = TM("my test tm")  ❸
tm.description = "This is a sample threat model of a very simple system - a /
web-based comment system. The user enters comments and these are added to a /
database and displayed back to the user. The thought is that it is, though /
simple, a complete enough example to express meaningful threats."

User_Web = Boundary("User/Web")  ❹
Web_DB = Boundary("Web/DB")

user = Actor("User")  ❺
user.inBoundary = User_Web  ❻

web = Server("Web Server")
web.OS = "CloudOS"
web.isHardened = True  ❼

db = Datastore("SQL Database (*)")
db.OS = "CentOS"
db.isHardened = False
db.inBoundary = Web_DB
db.isSql = True
db.inScope = False

my_lambda = Lambda("cleanDBevery6hours")
my_lambda.hasAccessControl = True
my_lambda.inBoundary = Web_DB

my_lambda_to_db = Dataflow(my_lambda, db, "(&lambda;)Periodically cleans DB")  ❽
my_lambda_to_db.protocol = "SQL"
my_lambda_to_db.dstPort = 3306

user_to_web = Dataflow(user, web, "User enters comments (*)")
```

```
user_to_web.protocol = "HTTP"
user_to_web.dstPort = 80
user_to_web.data = 'Comments in HTML or Markdown'
user_to_web.order = 1    ❾

web_to_user = Dataflow(web, user, "Comments saved (*)")
web_to_user.protocol = "HTTP"
web_to_user.data = 'Ack of saving or error message, in JSON'
web_to_user.order = 2

web_to_db = Dataflow(web, db, "Insert query with comments")
web_to_db.protocol = "MySQL"
web_to_db.dstPort = 3306
web_to_db.data = 'MySQL insert statement, all literals'
web_to_db.order = 3

db_to_web = Dataflow(db, web, "Comments contents")
db_to_web.protocol = "MySQL"
db_to_web.data = 'Results of insert op'
db_to_web.order = 4

tm.process()    ❿
```

❶ pytm 是 Python 3 的一個函式庫，而並不支援 Python 2 版本。

❷ 在 pytm 中，一切都圍繞元素展開。具體元素是 `Process`、`Server`、`Datastore`、`Lambda`、（信任）`Boundary` 和 `Actor`。`TM` 物件則包含有關威脅模型和計算力的所有元數據。僅需匯入你的威脅模型將會使用到的內容，或將 `Element` 擴展到你自己的特定威脅模型中（然後與我們分享！）

❸ 我們實例化一個 `TM` 物件，它將包含我們所有的模型描述。

❹ 在這裡，我們實例化了一個信任邊界，我們將使用它來分隔模型的不同信任區域。

❺ 我們還實例化了一個通用參與者來表示系統的用戶。

❻ 我們立即將其放在信任邊界的正確一邊。

❼ 每個特定元素都具有會影響可能生成之威脅的屬性。此外，它們都有共同的預設值，我們只需要更改系統獨有的那些屬性值。

❽ `Dataflow` 元素鏈接兩個先前定義的元素，並包含有關資訊流、使用的協定和使用的通訊埠詳細資訊。

❾ 除了一般的 DFD，pytm 還知道如何生成循序圖。透過向 `Dataflow` 添加 `.order` 屬性，可以在這種表達格式上以有意義的方式組織它們。

❿ 聲明所有元素及其屬性後，即可在命令行介面中調用 `TM.process()` 執行所需的操作。

除了逐行分析，我們可以從這段程式碼中了解到，每個威脅模型都是一個分開的獨立腳本。這樣的話，大型專案可以使 pytm 腳本保持較小並與它們所代表的程式碼位於同一位置，以便更輕鬆地保持更新和版本控制。當系統的特定部分發生變化時，只有該特定威脅模型需要編輯和更改。這可以讓開發人員將精力集中在描述變更的部分，並避免因編輯一大段程式碼而可能出現的錯誤。

憑藉著 `process()` 函式調用，每個 pytm 腳本都具有相同的命令行介面開關和參數控制：

```
tm.py [-h] [--debug] [--dfd] [--report REPORT] [--exclude EXCLUDE] [--seq] /
[--lis] [--describe DESCRIBE]

optional arguments:
  -h, --help           show this help message and exit
  --debug              print debug messages
  --dfd                output DFD (default)
  --report REPORT      output report using the named template file /
(sample template file is under docs/template.md)
  --exclude EXCLUDE    specify threat IDs to be ignored
  --seq                output sequential diagram
  --list               list all available threats
  --describe DESCRIBE  describe the properties available for a given element
```

值得注意的是 `--dfd` 和 `--seq` 這兩個旗標參數：它們生成 PNG 格式的圖表檔案。pytm 也會將結果寫至 Dot 或 PlantUML，Dot 是 Graphviz（*https://www.graphviz.org*）使用的一種格式，以產生 DFD 給使用者，而 PlantUML（*http://plantuml.com*）則是生成循序圖給使用者。pytm 支援多種平台架構，其處理過程中的格式是純文字檔，而且它的佈局由相應的工具所管理而不是 pytm 控制，因此你可以進行修改。若以這種方式工作，每個工具都可以專注於它最擅長的事情[21]。

參閱圖 4-4 和 4-5。

21 Graphviz 有適用於所有主流作業系統的軟體包。

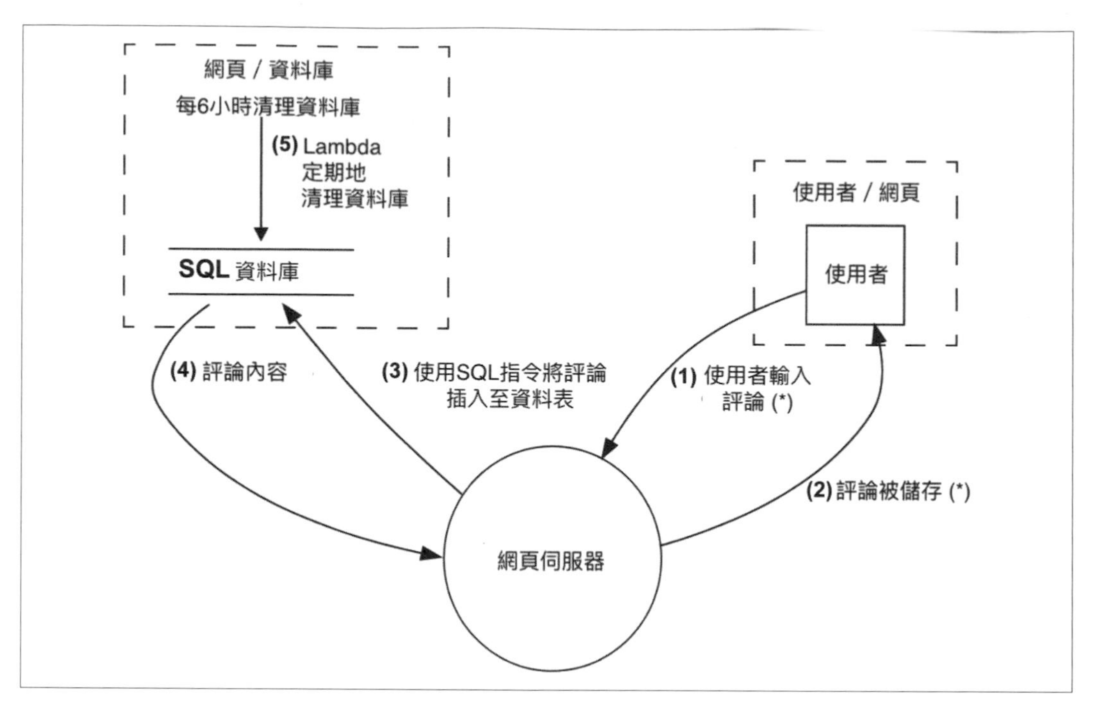

圖 4-4　範例程式碼的 DFD 表示式

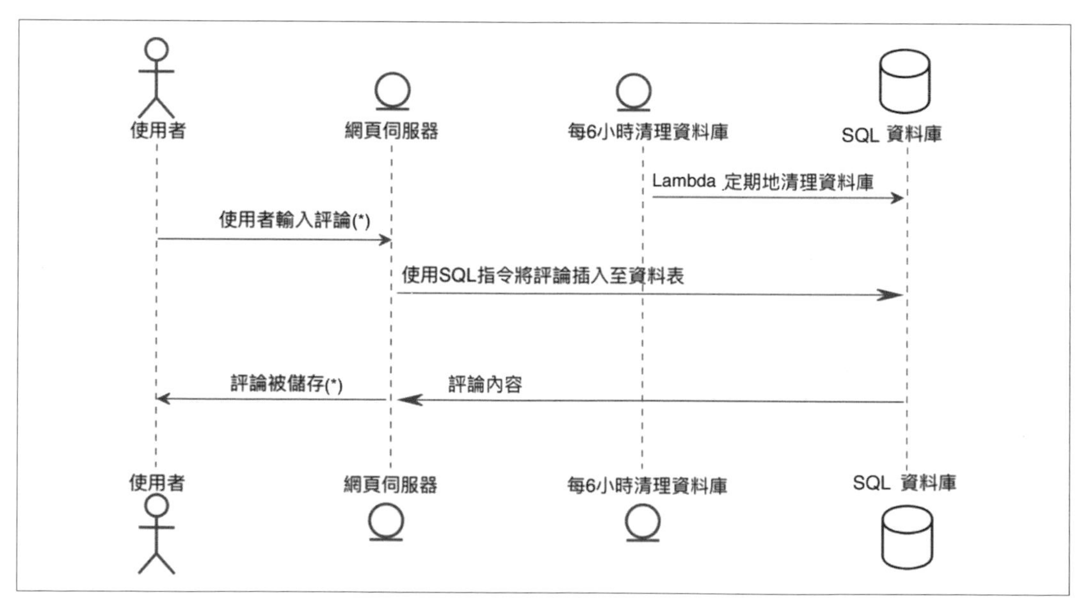

圖 4-5　相同的程式碼，現在表示為循序圖

能夠以執行程式碼的速度繪製圖表是 pytm 已被證實為好用的特點。我們已經看到在討論初始設計的會議期間，與會者粗略地寫下程式碼以描述正在運行的系統。基於這個特點，pytm 允許團隊成員在威脅建模討論中，留下某個功能表示式以表達他們的想法，並且該表示式與白板上的繪圖具有相同的價值，但可以立即共享、編輯和協作。這種方法避免了白板的所有陷阱：「有人看到標記了嗎？不，黑色標記！」「你能把相機稍微移動一下嗎？強光遮住了一半的視野」「莎拉負責將白板上的圖記錄到 Visio 檔案中。等等，莎拉是誰？」，還有可怕的「請勿擦除」標誌。

儘管所有這些提及的優點都很有價值，但如果威脅建模工具不能揭示威脅，那還是遠遠派不上用場。儘管有一個預警前提：在目前的開發階段，我們應該更關心它的識別初始能力，而不是詳盡地識別所有威脅；但 pytm 確實具有這種威脅識別能力。該專案從與本章中描述的 Microsoft 威脅建模工具的功能大致相似的威脅子集開始，還添加了一些與 lambda 相關的威脅。目前，pytm 基於 CAPEC 的一個子集合，可以識別 100 多種可檢測到的威脅。你可以在此處看到 pytm 能夠識別的一些威脅（並且可以使用 `--list` 旗標參數列出所有威脅）：

```
INP01 - Buffer Overflow via Environment Variables
INP02 - Overflow Buffers
INP03 - Server Side Include (SSI) Injection
CR01 - Session Sidejacking
INP04 - HTTP Request Splitting
CR02 - Cross Site Tracing
INP05 - Command Line Execution through SQL Injection
INP06 - SQL Injection through SOAP Parameter Tampering
SC01 - JSON Hijacking (aka JavaScript Hijacking)
LB01 - API Manipulation
AA01 - Authentication Abuse/ByPass
DS01 - Excavation
DE01 - Interception
DE02 - Double Encoding
API01 - Exploit Test APIs
AC01 - Privilege Abuse
INP07 - Buffer Manipulation
AC02 - Shared Data Manipulation
DO01 - Flooding
HA01 - Path Traversal
AC03 - Subverting Environment Variable Values
DO02 - Excessive Allocation
DS02 - Try All Common Switches
INP08 - Format String Injection
INP09 - LDAP Injection
INP10 - Parameter Injection
INP11 - Relative Path Traversal
```

```
INP12 - Client-side Injection-induced Buffer Overflow
AC04 - XML Schema Poisoning
DO03 - XML Ping of the Death
AC05 - Content Spoofing
INP13 - Command Delimiters
INP14 - Input Data Manipulation
DE03 - Sniffing Attacks
CR03 - Dictionary-based Password Attack
API02 - Exploit Script-Based APIs
HA02 - White Box Reverse Engineering
DS03 - Footprinting
AC06 - Using Malicious Files
HA03 - Web Application Fingerprinting
SC02 - XSS Targeting Non-Script Elements
AC07 - Exploiting Incorrectly Configured Access Control Security Levels
INP15 - IMAP/SMTP Command Injection
HA04 - Reverse Engineering
SC03 - Embedding Scripts within Scripts
INP16 - PHP Remote File Inclusion
AA02 - Principal Spoof
CR04 - Session Credential Falsification through Forging
DO04 - XML Entity Expansion
DS04 - XSS Targeting Error Pages
SC04 - XSS Using Alternate Syntax
CR05 - Encryption Brute Forcing
AC08 - Manipulate Registry Information
DS05 - Lifting Sensitive Data Embedded in Cache
```

如前所述，pytm 用於定義威脅的格式正在進行修訂，以適應更好的規則引擎並提供更多資訊。目前，pytm 定義威脅的 JSON 結構，使用以下格式：

```
{
   "SID":"INP01",
   "target": ["Lambda","Process"],
   "description": "Buffer Overflow via Environment Variables",
   "details": "This attack pattern involves causing a buffer overflow through/
 manipulation of environment variables. Once the attacker finds that they can/
 modify an environment variable, they may try to overflow associated buffers./
 This attack leverages implicit trust often placed in environment variables.",
   "Likelihood Of Attack": "High",
   "severity": "High",
   "condition": "target.usesEnvironmentVariables is True and target.sanitizesInp
ut is False and target.checksInputBounds is False",
   "prerequisites": "The application uses environment variables.An environment/
 variable exposed to the user is vulnerable to a buffer overflow.The vulnerable/
 environment variable uses untrusted data.Tainted data used in the environment/
 variables is not properly validated. For instance boundary checking is not /
```

```
done before copying the input data to a buffer.",
   "mitigations": "Do not expose environment variables to the user.Do not use /
untrusted data in your environment variables. Use a language or compiler that /
performs automatic bounds checking. There are tools such as Sharefuzz [R.10.3]/
 which is an environment variable fuzzer for Unix that support loading a shared/
 library. You can use Sharefuzz to determine if you are exposing an environment/
 variable  vulnerable to buffer overflow.",
   "example": "Attack Example: Buffer Overflow in $HOME A buffer overflow in
   sccw allows local users to gain root access via the $HOME
   environmental variable. Attack Example: Buffer Overflow in TERM A
   buffer overflow in the rlogin program involves its consumption of
   the TERM environment variable.",
   "references": "https://capec.mitre.org/data/definitions/10.html, CVE-1999-090
6, CVE-1999-0046, http://cwe.mitre.org/data/definitions/120.html, http://cwe.mit
re.org/data/definitions/119.html, http://cwe.mitre.org/data/definitions/680.html
"
 },
```

目標欄位描述了威脅會作用的元素，且元素可能會是單個或元組的形式。條件欄位是一個布林值表達式，並根據目標元素的屬性值評估為 True（威脅存在）或 False（威脅不存在）。

有趣的是，如果使用 Python 的 `eval()` 函式來評估邏輯條件中的布林值表達式，會給系統帶來一個可能的漏洞：例如，如果系統上已經安裝 pytm，但威脅文件檔案的權限過於寬鬆，任何用戶都可以打開該文件並編寫新的威脅，那麼攻擊者就可以編寫並添加他們自己的 Python 程式碼假裝為威脅條件，而該惡意程式片段，會以執行此腳本的用戶權限來執行惡意程式。我們的目標是在不久的將來解決這個問題，但在此之前，請注意！

為了完成初始功能集合，我們添加了新功能——基於樣板的報告格式[22]。雖然它簡單明瞭，但樣板機制便足以提供可用的報告。並且，它支援任何基於文字格式以創建報告，包括 HTML、Markdown、RTF 和純文字檔。在此處我們選擇了 Markdown 格式：

```
# Threat Model Sample
***

## System Description
{tm.description}

## Dataflow Diagram
![Level 0 DFD](dfd.png)
```

22 請參閱 Eric Brehault 的「世界上最簡單的 Python 模板引擎」，*https://oreil.ly/BEFIn*。

```
## Dataflows
Name|From|To |Data|Protocol|Port
----|----|---|----|--------|----
{dataflows:repeat:{{item.name}}|{{item.source.name}}|{{item.sink.name}}/
|{{item.data}}|{{item.protocol}}|{{item.dstPort}}
}

## Potential Threats
{findings:repeat:* {{item.description}} on element "{{item.target}}"
}
```

在前述的腳本導入此格式，將生成你可以在附錄 A 中看到的報告。

我們真的希望在不久的將來繼續發展和開發更多的功能，希望在提供有用結果的同時，降低開發團隊威脅建模的進入障礙。

Threagile

Christian Schneider 的 Threagile（*https://threagile.io*）是威脅建模即程式碼領域的一個新星（截至 2020 年 7 月），它是一個很有前途的系統。它目前處於隱藏模式，但很快就會開放原始碼！

與 pytm 非常相似，Threagile 屬於 threat modeling with code 的類別，不同點在於 Threagile 使用 YAML 文件來描述它將評估的系統。開發團隊能夠在他們的本地端 IDE 中使用團隊成員已經知道的工具，並且可以與它所代表的系統程式碼一起維護、版本控制、共享和協作。除此之外，這個工具是用 Go 語言所開發的。

由於在撰寫本文時，這個工具仍在開發中，我們建議你訪問 Threagile 作者的網站（*https://oreil.ly/A96sg*）查看生成的報告和圖表的範例。

YAML 文件用以描述目標系統的主要元素是它的數據資產、技術資產、通訊鏈接和信任邊界。例如，數據資產定義如下所示：

```
Customer Addresses:
        id: customer-addresses
        description: Customer Addresses
        usage: business
        origin: Customer
            owner: Example Company
            quantity: many
            confidentiality: confidential
        integrity: mission-critical
```

```
        availability: mission-critical
        justification_cia_rating: these have PII of customers and the system /
needs these addresses for sending invoices
```

目前，數據資產定義是 Threagile 和 pytm 之間方法的主要區別，因為技術資產（在 pytm 中，指的是 `Server`、`Process` 等元素）、信任邊界和通訊鏈接（pytm 資料流）的定義，都或多或少遵循系統中每個特定元素的相同資訊範圍。

因為 Threagile 明確考慮了不同類型的信任邊界，例如 Network On Prem、Network Cloud Provider 和 Network Cloud Security Group（以及許多其他類型），而 pytm 並沒有區分，所以彼此之間差異更加明顯。每種類型的信任邊界都代表不同的語義，並且在威脅評估中扮演不同角色。

對於以 YAML 格式描述的系統圖，Threagile 有一個外掛元件支援這樣的規則輸入並分析它。在撰寫本文時，它支持大約 35 條規則，但正在添加更多規則。我們隨機挑選一些規則作為範例，如下：

- 跨站請求偽造
- 程式碼後門
- LDAP 注入式攻擊
- 不受保護的網絡訪問
- 服務註冊表毒害
- 不必要的資料傳輸

與命令行介面程式的 pytm 不同，Threagile 還提供一個儲存（加密）模型的 REST API，並允許你編輯和執行它們。Threagile 系統將在儲存庫中維護輸入的 YAML 檔，以及 YAML 所描述的程式碼。此外，可以透過 CLI 或 API 觸發 Threagile 執行，它的輸出包括以下內容：

- 以 PDF 格式儲存的風險報告
- 追蹤風險的電子分頁表
- 一份風險摘要並隨附以 JSON 格式表示的風險細節
- 自動佈局的 DFD（用顏色表示資產、資料和通訊渠道的分類）
- 資料資產風險圖

最後一張圖特別有趣，因為它表達了每個資料資產的處理位置和儲存位置，顏色表示每個資料資產和技術資產的風險狀態。據我們所知，這是目前唯一提供這種視覺化圖形的工具。

至於生成的 PDF 報告格式非常詳細，包含將風險上報給管理層或開發人員，以減輕風險需要的所有資訊。報告內容有已識別威脅的 STRIDE 分類，以及每個類別的風險影響分析。

我們期待看到這個工具能見度的提升並且參與它的開發，衷心建議你在它向公眾開放後看看它。

其他威脅建模工具概述

我們試圖盡可能公正地展示這些工具，但克服確認偏差可能很困難。任何錯誤、遺漏或失真的陳述均由我們自行負責。沒有供應商或專案參與這次審查，我們不會建議使用哪一種工具，也不會建議哪一種工具不要使用。此處提供的資訊僅用於教育目的，並幫助你開始自己的研究。

IriusRisk

實施的方法：基於問卷調查和威脅資料庫

主要倡議：IriusRisk 的免費 / 社群版本（參見圖 4-6）提供與企業版相同的功能，但它對可以生成的報告類型，及其主選單中所提供顯示在系統中的元素有限制。除此之外，免費版本也不包含 API，但足以展示這個工具的功能。圖 4-6 顯示 IriusRisk 在簡易瀏覽器與伺服器之間的系統模型上，所執行的分析結果範例。它的威脅資料庫似乎至少是基於 CAPEC，並且提到了 CWE； Web 應用程式安全聯盟，或者 WASC（*http://www.webappsec.org*）； OWASP 十大網路應用系統安全弱點； OWASP 應用程式安全驗證標準（ASVS）和 OWASP 行動應用程式安全驗證標準（MASVS）。

新鮮度：不斷更新

資料來源：*https://oreil.ly/TzjrQ*

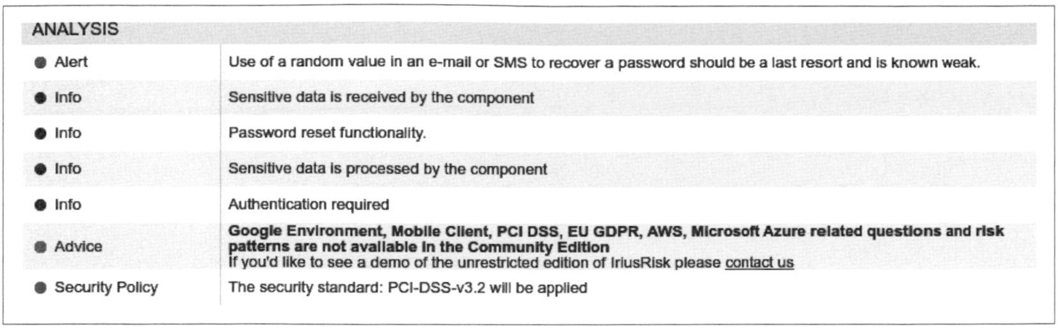

ANALYSIS	
● Alert	Use of a random value in an e-mail or SMS to recover a password should be a last resort and is known weak.
● Info	Sensitive data is received by the component
● Info	Password reset functionality.
● Info	Sensitive data is processed by the component
● Info	Authentication required
● Advice	**Google Environment, Mobile Client, PCI DSS, EU GDPR, AWS, Microsoft Azure related questions and risk patterns are not available in the Community Edition** If you'd like to see a demo of the unrestricted edition of IriusRisk please contact us
● Security Policy	The security standard: PCI-DSS-v3.2 will be applied

圖 4-6　IriusRisk 即時分析結果

IriusRisk 報告中一個發現威脅的典型表示方式，其內容包含發現它的元件、缺陷類型（「訪問敏感資料」）、對威脅的簡短解釋（「透過對 SSL/TLS 的攻擊而使敏感資料受到損害」）以及使用圖形及顏色來表示風險和因應的策略進度。

深入研究給定的威脅會顯示一個唯一的 ID（包含 CAPEC 或其他索引資訊）、劃分機密性、完整性和可用性的影響、更長的描述和參考列表、相關的弱點以及告知讀者如何解決已確定問題的對策。

SD Elements

實施的方法：基於問卷調查和威脅資料庫

主要倡議：本節的討論是針對 SD Elements 第 5 版本，SD Elements 的目標是成為你企業的全週期安全管理解決方案。它提供的功能之一是基於問卷的威脅建模，給予預定義的安全性和合規性策略，應用程式會嘗試透過建議的對策，來驗證開發中的系統是否符合該策略。

新鮮度：商業版本經常更新

資料來源自：*https://oreil.ly/On7q2*

ThreatModeler

實施的方法：過程流程圖；視覺化、敏捷、簡單威脅建模（VAST）；威脅資料庫

主要倡議：ThreatModeler 是首批商業化的威脅建模圖表和分析工具之一。ThreatModeler 使用流程圖（我們在第 1 章簡要提及）並實施 VAST 建模方法來進行威脅建模。

新鮮度：商業版本提供

資料來源：*https://threatmodeler.com*

OWASP Threat Dragon

實施的方法：基於規則的威脅資料庫，STRIDE

主要倡議：Threat Dragon 是一個最近脫離 OWASP 孵化器狀態的專案。它是一個支援線上和離線客戶端版本（Windows、Linux 和 Mac）的威脅建模應用程式，可提供圖表解決方案（拖放）以及對定義的元素進行基於規則的分析，從而提出威脅和緩解措施。這個跨平台的免費工具可用且可擴展（見圖 4-7）。

新鮮度：由 Mike Goodwin 和 Jon Gadsden 領導，處於積極開發中的狀態

資料來源：*https://oreil.ly/-n5uF*

注意在圖 4-7 中，DFD 符合整本書中呈現的簡單符號系統；每個元素都有一個屬性表，提供有關它的詳細資訊和環境。該元素顯示在整個系統的環境中，並且提供有關它是否在威脅模型範圍內、它包含什麼以及它如何被儲存或被處理的基本資訊。

使用者還可以創建自己的威脅，添加一定程度的自定義，使組織或團隊能夠強調那些特定於其環境或系統功能的威脅。這樣的設計與 STRIDE 威脅誘導和直觀的重要程度（高 / 中 / 低）排名有直接關聯，但與 CVSS 分數沒有直接關聯。

Threat Dragon 提供全面的報告功能，使系統圖表成為焦點，並對所有的發現（以及如果有可用的緩解措施）提供按元素排序的列表。如果給定的元素是圖表的一部分，但被標記超出威脅模型範圍，那麼其原因也會被包含在報告中。

圖 4-7　作為示範的範例系統

Microsoft Threat Modeling Tool

實施的方法：繪圖和註釋，STRIDE

主要倡議：Microsoft 威脅建模工具是 Adam Shostack 和 Microsoft SDL 團隊的另一個主要貢獻，它是威脅建模領域最早出現的工具之一。最初的實現方式是基於 Visio 函式庫（因此需要該程式的許可證），但是目前這樣的依賴關係已被刪除，現在這個工具是獨立安裝的。安裝此工具後，它會提供添加新模型、模板或是載入現有模型、模板的選項。該模板預設是 Azure 環境導向的模板，並且為非特定於 Azure 環境的系統提供通用的 SDL 模板。Microsoft 還支援模板資源庫（*https://oreil.ly/ygSun*），雖然目前還不廣泛，但無疑是對此領域一個受歡迎的貢獻。該工具使用了類似我們在第 1 章中使用的 DFD 符號，並提供一些工具，讓你可以使用預定義或是自定義的內容，來註釋每個元素的屬性。基於預先填入的規則（存在於 XML 文件中，理論上可以由用戶編輯），該工具生成威脅模型報告，其中包含圖表、已識別的威脅（基於 STRIDE 分類）和一些建議的緩解措施。雖然元素及其屬性在很大程度上是以 Windows 導向作描述，但該工具對非 Windows 的使用者確實也很有價值（見圖 4-8）。

新鮮度：似乎每兩年更新一次

資料來源：*https://oreil.ly/YL-gI*

與其他工具一樣，每個元素都可以被編輯以提供其屬性。這裡的主要區別在於一些元素屬性與 Windows 非常相關；例如，OS Process 元素包含諸如 Running As 之類的屬性，其中可能的值是 Administrator，或者 Code Type 元素的可能值為：Managed。當這個工具產生威脅項目時，它會忽略不適用於目標環境的選項。

此工具中的報告與 STRIDE 密切相關，每個發現都有一個 STRIDE 類別，此外還有描述、理由、緩解狀態和優先等級。

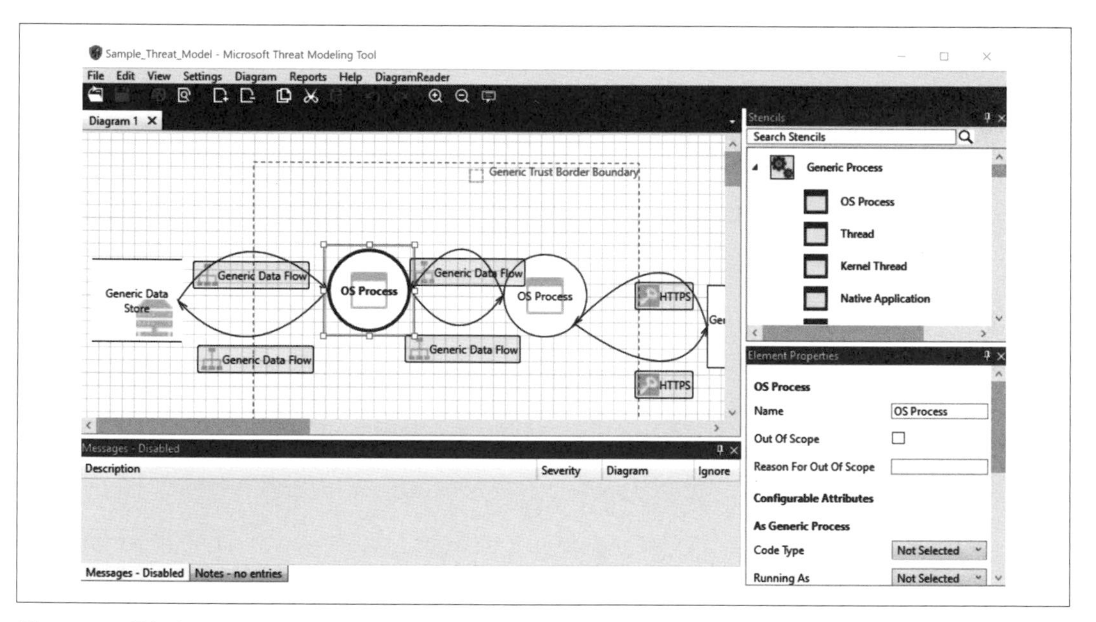

圖 4-8　工具提供的簡易系統的 DFD 示範

CAIRIS

實施的方法：資產驅動和威脅驅動的安全設計

主要倡議：由 Shamal Faily 創建和開發的 CAIRIS，其字面意思是代表電腦輔助集成需求和資訊安全，是一個創建安全系統表示式的平台，側重在基於需求和可用性的風險分析。一旦定義了環境（即系統所在的容器——資產、任務、人物和攻擊者、目標、漏洞和威脅的封裝），就可以定義環境的內容。人物是指如何定義使用者，任務則描述人物如何與系統進行互動。人物也有所代表的角色，可以是利益相關者、攻擊者、資料控制者、資料處理者和資料主體。談到人物與資產之間進行互動，資產具有包括安全性和隱私性（如 CIA）、可稽核性、匿名性和不可觀察性等在內的屬性，其屬性值分別為無、低、中和高。任務對一個或多個人物在系統上的特定情境中執行之工作進行建模。CAIRIS 能夠生成帶有常用符號表示的 UML 格式 DFD，以及系統的純文字表示式。因為 CAIRIS 系統很複雜，以至於我們無法公允地的詳盡描述它，但在我們的研究過程中，CAIRIS 引起了我們足夠的興趣，值得進一步探索。Shamal Faily（由 Springer 出版）寫的一本書——*Designing Usable and Secure Software with IRIS and CAIRIS* 擴展了該工具及其使用方式，並提供有關透過設計實現安全性的完整課程。

新鮮度：正在積極開發中

資料來源：*https://oreil.ly/BfW2l*

Mozilla SeaSponge

實施的方法：視覺驅動，無威脅誘導

主要倡議：Mozilla SeaSponge 是一種基於 Web 的工具，可在任何相對較新的瀏覽器上運行，並提供乾淨、美觀的 UI，這也促進了直觀的使用者體驗。目前，它不提供規則引擎或報告功能，開發似乎已於 2015 年結束（參閱圖 4-9）。

新鮮度：發展似乎停滯不前

資料來源：*https://oreil.ly/IOlh8*

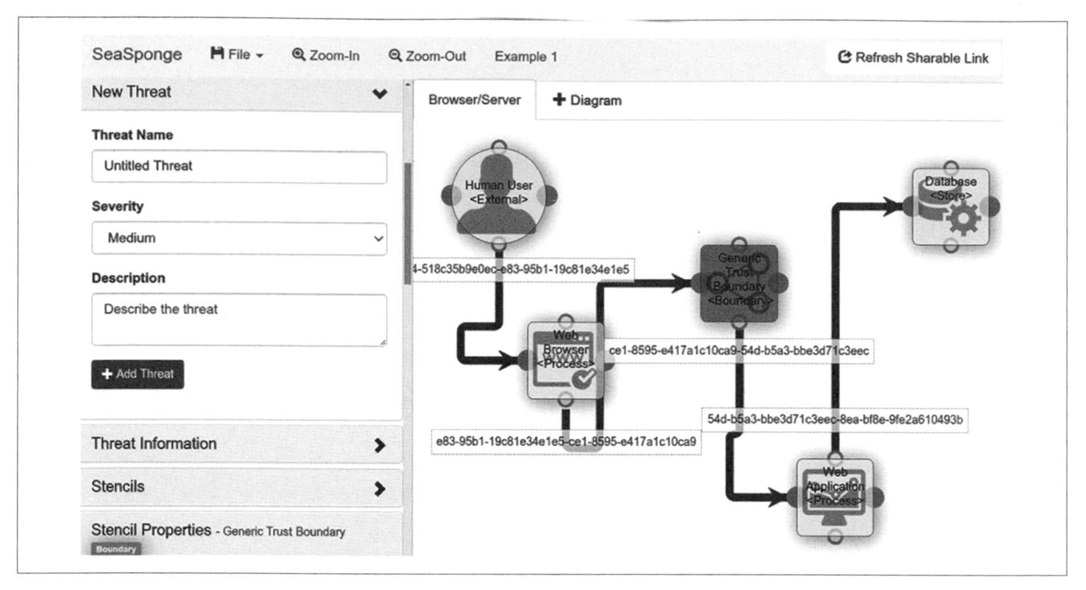

圖 4-9　Mozilla SeaSponge 使用者界面

Tutamen Threat Model Automator

實施的方法：視覺驅動、STRIDE 和威脅資料庫

主要倡議：Tutamen Threat Model Automator 是一種軟體即服務（SaaS）的商業產品（截至 2019 年 10 月，它處於免費測試階段），並採用一種有趣的方法：以 draw.io 或 Visio 格式上傳你的系統圖表，或 Excel 電子試算表，並接收你的威脅模型。你必須使用與安全相關的元數據、信任區域和要分配給元素的權限來註釋你的數據。而生成的報告將識別元素、資料流和威脅，並提出對應的緩解措施。

新鮮度：商業版本經常更新

資料來源：*http://www.tutamantic.com*

使用機器學習和人工智慧進行威脅建模

這是「人工智慧解決一切」的時代[23]。然而，安全行業的現狀是我們還沒有準備好實現威脅建模的飛躍性發展。

在威脅建模中使用機器學習（ML）和人工智慧（AI），已經有一些研究成果。這是很自然的，因為今天的人工智慧是過去專家系統技術的進展。這些系統基於推理引擎處理的規則，而這些規則試圖滿足一系列的需求，使被建模的系統進入令人滿意的狀態，或者系統會指出任何認為不可能解決的差異。聽起來很熟悉，不是嗎？

機器學習的前提是，在對足夠的數據進行分類後，會出現模式以允許你對任何新數據進行分類。試圖將這樣的特性轉化至威脅建模領域可能會很棘手。例如，在網絡安全領域，很容易產生大量攜帶「好」和「壞」流量的數據來訓練分類算法。但是，在威脅建模中，可能不存在格式完整且足夠的數據，這表示你將無法訓練演算法來準確識別威脅。那讓我們回到既有的方法上來尋找威脅，即威脅是一種表示式，由系統在特定的元素和屬性值配置組合中，所引起的非預期狀態。

將機器學習方法使用在威脅建模上，主要仍然是一種出於學術目的的練習，幾乎沒有發表的論文或概念證明可以讓我們展示一個功能性的 AI/ML 系統[24,25]。如同我們之前描述的那樣，至少也要有一項專利可用以解決一個通用的機器學習威脅建模鏈。但截至今天，我們還不知道該工具的可用原型或支持它的資料集。

即使是被要求並利用它們來提高其他系統的安全性，ML 系統也需要針對威脅進行建模。以下是在該領域所做的一些研究範例：

- NCC Group 提交了研究結果至這個領域，並為 ML 系統開發了威脅模型，這些模型強調 ML 系統會如何受到恣意妄為的對手攻擊或濫用[26]。NCC Group 的研究人員在他們的研究中使用了可用於威脅建模的最古老的非 ML 工具之一——Microsoft 於 2018 年發表的威脅建模工具。

23 Corey Caplette，「超越炒作：機器學習和 AI（人工智慧）對商業的價值（第 1 部分）」，邁向資料科學，2018 年 5 月，*https://oreil.ly/324W3*。

24 Mina Hao，「機器學習演算法助力安全威脅推理與分析」，NSFOCUS，2019 年 5 月，*https://oreil.ly/pzIQ9*。

25 M. Choras 和 R. Kozik，ScienceDirect，「用於威脅建模和檢測的機器學習技術」，2017 年 10 月 6 日，*https://oreil.ly/PQfUt*。

26 「構建更安全的機器學習系統——一種威脅模型」，NCC Group，2018 年 8 月，*https://oreil.ly/BRgb9*。

- 維也納科技大學資訊工程研究所的研究人員，發布了他們用於 ML 演算法訓練和推理機制的威脅模型，以及對漏洞、對手目標和緩解已識別威脅的對策的良好討論 [27]。
- 著名安全科學家 Gary McGraw 博士共同創立的 Berryville 機器學習研究所，發布了 ML 系統的架構風險分析，則揭示應用架構風險分析於 ML 系統時，會關注安全領域中哪些令人感到有趣的項目（其中一些本身可能應用於檢測其他系統中的安全問題）。[28]

MITRE 的 CWE 已經開始包含機器學習系統的安全弱點，例如增加了 CWE-1039，「具有不充分檢測或處理對抗性輸入擾動的自動識別機制」（*https://oreil.ly/2wT_M*）。

總結

在本章中，我們更深入地研究了威脅建模的一些現有挑戰以及如何克服這些挑戰。你了解了系統架構描述語言，以及它們如何為威脅建模的自動化奠定基礎。你了解自動化威脅建模的各種選項，從簡單地生成更好的威脅文檔，到透過撰寫程式碼執行完整的建模和分析。

在實施第 3 章中的威脅建模方法時，我們討論了使用程式碼進行威脅建模技術和從程式碼進行威脅建模技術的工具（業內統稱為威脅建模即程式碼），其中一些工具還實現了其他功能，例如安全性測試編排。我們向你展示我們偏好的工具 pytm，最後我們簡要地討論了將機器學習演算法應用於威脅建模的挑戰。

在下一章，你將透過激動人心的新技術，瞥見威脅建模的未來。

27 Faiq Khalid 等人，「基於機器學習的系統安全性：訓練和推理期間的攻擊和挑戰」，康乃爾大學，2018 年 11 月，*https://oreil.ly/2Qgx7*。

28 Gary McGraw 等人，「機器學習系統的架構風險分析」，BIML，*https://oreil.ly/_RYwy*。

第五章

持續威脅建模

「你是誰？」毛毛蟲說

這不是一個令人感到鼓舞的對話開場白。

愛麗絲相當害羞地回答說：「我——我幾乎不知道，先生，只是目前——至少我知道今天早上起床時的我是誰，但我想從那以後我一定已經換了好幾次了。」

「你是什麼意思？」毛毛蟲嚴厲地說。「請解釋你自己！」

「我恐怕無法解釋我自己，先生。」愛麗絲說，「因為我不是我自己，你看。」

——Lewis Carroll，愛麗絲夢遊仙境

本章向你介紹持續威脅建模的過程。我們還介紹一種實現方式，並描述在現實世界中使用這種方法的結果。

為什麼需要持續威脅建模？

第 3 章介紹了各種威脅建模方法，並根據我們的經驗指出它們的一些優點和缺點。當我們討論用於「分級」這些方法的參數時，你可能已經注意到，由於缺乏更好的標籤，我們非常傾向於我們都稱之為**敏捷開發**的東西。

我們的意思是任何偏離瀑布式開發流程（首先是設計階段，然後實作階段和測試階段，在系統的下一次迭代之前不做進一步修改）的現有開發技術。我們還談論那些已經採納 DevOps 的系統，開發人員可能在一天當中，對系統進行上千次地頻繁更改以追求系統的進步。威脅建模如何在這些環境中生存和發展，而不減慢每個人的速度？

根據我們的經驗，團隊裡每種角色的速度都不一樣。開發人員以部署的速度為生，架構師設定了整體開發進度的速度，安全人員以他們謹慎的速度運行。

你如何協調不同的速度和節奏，並確保你能夠以符合每個人的觀點、期望和要求的方式進行威脅建模？你希望擁有一個多速過程，一個在系統最初存在時就捕獲到的系統狀態，然後隨著它的發展繼續捕獲它的更新狀態，在威脅出現、發展和變化時揭示它們的過程。當然，在你繼續應對我們在前幾章中討論過的所有其他挑戰時，你當然希望如此！要實現所有這些，你需要持續的威脅建模。

連續威脅建模方法

這裡仍然使用我們在第 2 章中介紹的分級參數，持續威脅建模（CTM）方法依賴於一組簡單的指導原則：

- 比起任何外部的安全專家，產品團隊總是更了解自己的系統。
- 不能指望團隊會停止正在做的事情來進行威脅建模（*易使用的，敏捷的*）。
- 個別的收益遞增學習曲線取代了培訓。威脅分析的結果品質隨著經驗的增加而提高（*有教育意義的，不受約束的*）。
- 威脅模型的狀態，必須反映被建模系統的當前狀態（*代表性*）。
- 今天的威脅模型需要比昨天的更好（*可擴展的、有教育意義的*）。
- 其結果需要匹配系統（*有幫助的*）。

在原則中提及到兩次「具教育意義的」參數並非偶然。整體想法是使安全知識很少或沒有安全知識的團隊，無論是否有安全專家，都可以參與有效的威脅建模。第一條原則，與我們在第 2 章中探討的任何測量參數沒有關聯也並非偶然：在這裡的整個方法是基於產品團隊對自己的威脅模型的*掌握度*，使團隊成員能夠從威脅建模過程中獲益，而不是依賴外部專家的知識來源。我們在第 2 章中沒有對此進行衡量。

進化：一直變得更好

我們的主要主張之一是威脅模型必須是可以*進化的*。這代表威脅模型每天都在變得更好，也代表團隊不需要抓住所有威脅——即全面徹底並有效地識別系統中所有可能的威脅，才進行緩解措施——而感到沮喪無力。

你必須知道威脅模型會隨著時間的推移而演變，還可以透過讓不同的團隊以不同的速度移動，以及藉由相同的步驟進行互動來實現可擴展性。雖然擁有一種適用於所有團隊的方法很重要，但他們不需要步調一致才能使該方法立即生效。你可以讓每個團隊隨心所欲地發展，並根據需要進行干預（通過諮詢建議或專家支援）。

Autodesk 連續威脅建模方法論

在開始本節重點 —— 介紹 Autodesk 連續威脅建模（A-CTM）方法如何體現 CTM 的原則及其優勢和用法之前，我們要表彰並感謝直接為 A-CTM 的開發、部署和日常改進工作做出貢獻的工程師們：Reeny Sondhi 和 Tony Arous，他們看到了未經嘗試的解決方案的價值並決定追求它，勇敢的 AppSec 團隊：Hemanth Srinivasan、Esmeralda Nuraliyeva、Allison Schoenfield、Rohit Shambhuni、John Roberts 以及 Autodesk 的產品團隊，他們每天都接受並改進該方法。

A-CTM 是連續威脅建模方法的真實範例。它採用了 CTM 的理論，並將其應用於一個快速變化的組織，該組織的許多團隊遍布世界各地，並經歷了導入新方法的所有成長痛苦。根據觀察到的結果，A-CTM 隨著時間的推移進行了修正，並且繼續發展，而它培養的威脅模型也是如此。

在 Autodesk GitHub 儲存庫（*https://oreil.ly/MrDsa*）中，你可以找到資源「連續威脅建模手冊」，其內文詳細描述了該方法的操作細節。它可以在系統生命週期的任何時候應用，從設計到部署。以下是手冊中的 Autodesk 持續威脅建模的任務說明：

> 安全部門為開發團隊提供的完整威脅建模服務，通常可以被認為是一套很好的訓練器。我們看到了這個過程越來越需要被擴展，並採取將知識轉移給開發團隊的方法。本手冊中概述的方法，為團隊提供一種將安全原則應用於威脅建模過程的結構，使他們能夠按照指導方法將其產品知識轉化為安全發現，從而質疑其安全狀況。這種方法的目標，是在多個迭代中支持和加強開發團隊的安全能力，使得團隊成員可以用最少的參與，就可以產出滿意的結果品質。

出於本章的目的，我們交替使用 CTM、A-CTM 和 Autodesk CTM，這些都是指相同的方法。總結來說，提及 CTM 本身是指基本方法和理念，而 A-CTM 則指的是 Autodesk 實施的方式。

為了解決「我們目前擁有什麼」和「它如何隨時間變化」之間的矛盾，CTM 採用了雙速方法。通過這種方式，你可以使用當時系統任何可用的資訊以構建威脅模型（稱為**基準線威脅模型**），然後你和團隊採用「每個故事的威脅模型」方法（在下方側邊欄作詳細介紹）：每個開發人員在規劃階段、應用階段或測試階段時，從安全角度評估他們在系統中所做的更改，然後採取適當的操作。因此，基準線威脅模型將成為一個動態文檔，它會相應地發生變化和發展，並且在流程的尾聲（或在任何給定的里程碑）反映系統的當前狀態及其所有變化。在下面的側邊欄中會對這個想法進行更詳細的檢驗，它首先作為 Izar 的文章出現在威脅建模業內人士通訊（*https://oreil.ly/cJCZn*）中。

動態文檔需要多久更新一次？

將威脅模型報告作為動態文檔的想法並不是一件新鮮事。威脅建模領域的領袖包括 Adam Shostack 和 Brook S.E. Schoenfield，不管明示或暗喻，他們都反覆地在許多威脅建模方法中提倡這個點子。談到動態變更，儘管 Microsoft 引入防爬刺釘（security spikes）概念來解決敏捷開發期間（Agile Development）的設計更改問題，但威脅建模卻有不同作法，基於促進動態變更，當發生更改時，許多威脅建模工具會將新的變更視作為當前新的威脅模型一部分。當前流行的快速開發和部署哲學體現在 DevOps 中，例如，系統從設計、開發之初直到面對客戶的每個微小變化要求，在創紀錄的時間內，每天可能部署和重新部署一百次（如果不是更多的話）。儘管威脅建模工具可以很靈活，但是這肯定也會帶來負擔。

但在「做完！就再重新來過」和「一有想法就立即動手修改」的情況之間，似乎有個我們可以發揮作用的地方。在這個概念過程裡，除了對系統設計和實作面的更改可以反映在威脅模型中的這個好處，同時也能保持模型在系統往前演進時反映系統狀態，同時也作為一門學科提供給開發人員的安全程式設計的經驗。事實上，如果我們等待許多 scrum（或任何其他開發週期階段）來解決威脅模型的變化，那麼重要和安全重要的細節可能會丟失。

另一方面，在 DevOps 實踐中，系統每天可能會面臨數百次的變更，只有極少數是會影響攻擊面、安全態勢或系統安全配置的「安全顯著事件」。因此，在系統設計之初，這些少數事件能更有效地被識別出來——在架構師或開發人員需要以改變其安全斷言和假設的方式添加或修改系統時。正如 Schoenfield 在 *Secrets of a Cyber Security Architect*（Auerbach 出版）一書中如此恰當地指出的那樣：

> 威脅建模不需要花費很長時間。正如我在本書中指出的那樣，如果一個沒有經驗的團隊只找到一個可以顯著改善安全狀況的需求，那麼這就是勝利，應該慶祝。這代表威脅模型不必是軟體安全程式經常發布的冗長、詳盡的練習。相反地，應該讓開發人員思考讓人信服的攻擊場景。隨著時間的推移，他們可能會更好地進行分析，確定更多適用的場景，從而確定更多的安全需求。

我對 Schoenfield 經驗的解釋是，我們相信開發人員在撰寫程式碼時可以做出關鍵任務決策，但出於某種原因，我們認為威脅建模最好留給專家——尋找完整解決方案。但是，如果我們想要漸進的、會隨著時間推移演變的答案，我們必須信任開發人員，為他們提供工具，更重要的是，讓他們了解安全基礎知識，以便他們可以進行自己的威脅建模或至少使他們可確認自己的安全事件。透過對這些事件排列優先順序，並讓管理者及時地依照優先等級處理這些事件——管理者最終決定什麼進入威脅模型以及什麼需要在文檔、測試過程或部署更改中解決——威脅模型與開發保持同步。在任何時候，這些變化都會反映在威脅模型中，丟失細節和錯誤假設的機會更少，而且只需將注意力放在解決潛在的安全漏洞，而不是系統中的每一個小變化。

這是持續威脅建模或「個別威脅建模案例」的基礎，這是一種威脅模型方法，目前在 Autodesk 部署，其他幾家公司也在考慮中。你可以查看來自 OWASP AppSec California 2019 的演講——「威脅模型案例：為你的團隊進行實用的連續威脅建模工作」（*https://oreil.ly/aSaXr*）。

初次看到 CTM 的時候，CTM 似乎和我們見過的其他方法一樣「沉重」，但實際上它試圖讓事情變得簡單，最重要的是「協作」。威脅建模是一項團隊運動。

開發團隊中的每個人，都是 CTM 流程的完整利益相關者：

- 產品負責人和產品經理想要驗證是否適當地滿足了安全要求。
- 架構師想要驗證設計。
- 開發人員既希望獲得指導，又希望就實作期間對設計所做的更改能提供反饋。
- 測試人員希望將其用作安全測試的技術路線圖。
- DevOps 人員使用它以進行架構審查和部署的安全控制。

雖然這些是不同的角色，且對威脅建模練習有不同的期望，但他們提供了同一系統的不同視角，這些視角創建了系統的綜合視圖，其中包含足夠的細節以做出適當的安全和風險決策。

在這個過程中的時候，你應該選擇一個或多個（但不要太多！）**負責人**。威脅模型負責人的角色主要是流程管理而不是擔任技術人員，但重要的是，負責人應知道團隊中成員誰負責什麼，並且能夠清楚地溝通。此人在整個開發過程中還需要一段專心的時間來執行 CTM 的相關紀錄。

負責人將在團隊的程式臭蟲（bug）儲存庫中擁有一個佇列（或任何用於跟踪待完成任務和程式臭蟲的其他機制）。該佇列由根據其相對於威脅模型的狀態標記的項目（為清楚起見，我們將它們簡稱為**票單**）所組成：

security-tm

　　這類型的票單，是用來表達和追蹤威脅模型中的發現；也就是說，需要解決的已驗證問題。

potential-tm-update

　　這類型的票單是表示設計、實作、部署、文檔或系統任何其他特徵的修改，這些更改被認為對整個威脅模型具有潛在的利益。

負責人將使用 *potential-tm-update* 票單標記需要特別注意之處，並可能基於自己的判斷，或者在與團隊中的其他人討論後，或是如果需要諮詢安全專家（如果有的話），再將其提升為 *security-tm* 票單。隨著時間的推移，potential-tm-update 票單中的模式將不斷發展，從而使流程能夠更快地進行。

負責人對 *potential-tm-update* 的考慮有兩種結果。該票單可能會成為 *security-tm* 票單，它會作為一個發現並進行跟踪問題，直至其完全解決。或者 *potential-tm-update* 被認為是可以通過其他方式解決的問題，例如，文檔更改、通知 DevOps 團隊部署需求已更改或是品質保證工程中的新測試案例。這個方法的強處在於將潛在問題轉化為可被執行的工作，並藉此提升開發系統時的整體清晰度。

基準線

CTM 流程的第一步包括建立現有系統或設計的基準線。你的團隊必須齊心協力，識別和調查系統的任何已知特徵。這包括以下操作：

定義範圍

你是對整個系統進行威脅建模，還是只對一個小的設計變更進行建模？確定系統的哪些元素將成為威脅模型的一部分。

辨別所有重要的資產

該模型必須包括系統的所有相關部分。如果你擔心一開始就展開太多細節資訊的話，請從概述角度開始描述系統，然後逐漸地放大關注的部分，藉此以獲得每個小細節的詳細描述。

繪製圖表

根據範圍以創建系統圖。這些應該至少包括使用系統的角色（例如，用戶、管理員、操作員），以及他們與系統、瀏覽器、桌面客戶端、伺服器、負載平衡器和防火牆等交互行為的方式。

繪畫出資料流

藉由資料流以想像系統各部分之間的交互行為，並在資料流上註釋通訊協定和身分驗證等細節。

標記重要數據存在、傳輸和轉換的位置

這很重要，因為在這裡你會發現你要保護的資產以及它們在系統中的位置。你可以在白板上或選擇第 1 章許多圖表解決方案中的任何一個來創建圖表。為了輕鬆地使圖表保持最新，你可能需要使用我們在第 3 章討論過的開源工具鏈 pytm（*https://github.com/izar/pytm*）。

在這個階段，「完成的定義」是團隊成員同意你剛剛創建的圖表，正確地表示系統的各個部分及其交互行為，達到滿足團隊對元素之間所有關係的理解。

注意 DFD 所使用的格式和包含它的威脅模型報告是至關重要的。如果你組織的所有團隊都遵循相同的格式，將更容易在不同的威脅模型中找到資訊，並且你的安全團隊成員在與多個開發團隊合作時，可以快速吸收這些資訊。CTM 高度鼓勵使用第 1 章中討論的基本 DFD 符號系統。

此時，你的團隊了解要在 DFD 中呈現的內容。正如我們在本書中多次陳述的那樣，我們發現威脅建模通常是一項 GIGO 活動，當團隊成員使用的資訊品質愈好，那產出的結果就愈好。出於這個原因，CTM 非常傾向於對 DFD 進行盡可能好的註釋。如果將所有這些細節添加到高層級表示的 DFD（0 級）中，將使其變得過於密集而難以閱讀，團隊可以將圖表分解為單獨的、更詳細的 DFD（1 級）。

該方法還要求你的團隊提供額外的特徵，以允許外部觀察者，獲得對你的系統安全性進行有根據的觀察時，所需的最少資訊量。你還應該建議報告的標準格式，如果出席的安全專家並不總是同一個人，或者同時處理許多產品，則採用標準格式可以讓他們快速有效地進入狀況。附錄 A 中的範例威脅模型反映了這些要點。當團隊成員在不同工作內容之間轉換時，以及當有興趣對威脅模型進行數據挖掘以提取有用數據時，對威脅模型使用一致的格式也是有益的。

以下是 CTM 的 DFD 清單：

1. 提供你的系統的完整圖表，包括部署。
2. 在系統概覽 DFD（L0）中標記每個元件。
3. 使用箭頭符號標記每個資料流的方向，從哪開始？到哪結束？該流向是否為雙向的？
4. 標記每個箭頭代表的主要操作。
5. 標記用於每個資料流所使用的通訊協定。
6. 標記信任邊界和網絡。
7. 在詳細的 DFD（L1）中標記主要數據類型，以及它們如何流經應用程式（控制流）。
8. 描述使用系統的人（用戶、管理員、操作員等），並顯示每個人的資料流 / 訪問有何不同。
9. 標記身分驗證過程的每個部分。
10. 標記資源授權過程的每個部分。
11. 用數字標記這些動作的順序。
12. 標記「最有價值的」或最敏感的數據。它是如何處理的？最關鍵的應用程式功能是什麼？

其結果的格式應遵循固定結構：

唯一標示符

這就是發現的結果在其整個生命週期中的識別方式。

一個完整描述的攻擊情境

很多時候，團隊的不同成員以不只一種方式來解釋研究結果。指定一個完整的攻擊情境，可以讓團隊更容易地了解每個人指的都是同一個問題，或者存在多個問題。擁有足夠的資訊有助於確定發現的影響和可能性，如有必要的話可以將發現分成幾個較小的部分。

嚴重性

嚴格來說，雖然 CVSS 不是風險評級系統，但它是一種建立調查結果排名的可行方法，儘管有時並不完美。CVSS 提供一種簡單的方法來快速確定問題的嚴重程度，從而可以對結果進行相同類型的比較[1]。它不是所有使用者案例的最佳選擇，但它易於使用且具有足夠的描述性，並且被足夠多的工具用作標準，使其成為有用且具有代表性的指標。CTM 中沒有任何內容強制要求使用 CVSS，團隊可以自由採用適合他們的指標，或者比嚴重性更能代表風險的指標——但最重要的是，組織中的所有威脅建模工作都使用相同的方法，因此可以進行優先排序，來討論可以圍繞相同標準以尋找「重要性」的事。

緩解措施

針對已確定問題的建議解決方案。此欄位結合 *potential-tmupdate* 及票單系統一起使用，可以記錄並在必要時查閱有關發現的最終結論。

基準分析

正如我們所討論的，CTM 試圖解決的第一個問題是安全教育。第二個問題是需要安全專家進行威脅模型練習以識別缺陷。問題總是回到如果團隊成員自己沒有專業知識，那麼團隊如何獨立識別這些缺陷？

威脅建模培訓師通常以「像駭客一樣思考！」這句話開始。這樣最好是有用！這就好比把沒有經驗的廚師推到廚房，並告訴他們像米其林級別的廚師一樣思考。結果呢？最好點一些比薩來吃，否則每個人都會餓死。要注意，要求一個人這樣做不只是解決知識問題；這是一種思維方式轉變，並非每個人都能夠做到或者準備好進行：停止「按規格編寫程式碼」並開始「編寫程式 / 設計 / 測試，以打破常規」。它要求人們改變他們的觀點，但是這並不容易做到。

1 第 3 章將更詳細地討論 CVSS。

考慮到這一點，CTM 促使團隊從安全漏洞的角度思考，但採用「我們做對了嗎？」的方法。我們認為，帶領你的團隊討論其設計的安全方面將帶來發現，同時增加團隊成員的安全知識。這個方式透過要求團隊仔細閱讀安全領域的主題列表，並檢查幾個**主要**問題來開始討論（參見表 5-1）[2]。

表 5-1　引導性問題以啟動討論

主題	該主題下的範例問題
身分驗證和資源授權	• 系統中的用戶和其他參與者（包括客戶端和伺服器）如何相互驗證以防止假冒？ • 系統中的所有操作是否都需要授權，是否僅授予必要的級別，而不是更多（例如，存取資料庫的用戶，只能有限地存取他們真正需要存取的那些表和欄位）？
存取控制	• 是否以基於角色的方式授予存取權限？所有存取決策是否與執行存取的時間點有相關？（令牌 / 權限的更新會隨狀態更改操作；在授予存取權限之前檢查令牌 / 權限）？ • 系統中的所有物件，例如：文件、網頁、資源、對資源的操作等，是否都受到適當存取控制？ • 對敏感資料和機密，其存取權限是否僅限於那些需要它的人？
信任邊界	• 你能否清楚地確定模型中信任級別的變化？ • 你能將它們映射到存取控制、身分驗證和資源授權嗎？
稽核	• 是否記錄了與安全相關的操作？ • 是否遵循了記錄的最佳實踐：沒有記錄 PII，但有記錄密鑰，並將它們記錄到中央位置，與 SIEM、RFC 5424 和 5427 以及 OWASP 等行業標準兼容。是否正確使用了 AWS CloudTrail 工具？
加解密	• 金鑰的長度是否設定得夠長，使用的演算法是否已知良好（無碰撞、不易暴力破解等）？ • 是否所有的加密實作都經過良好測試，並安裝了最新的已知安全修補檔案？是否沒有使用內部開發的加密技術？ • 加解密機制能否輕鬆配置和更新以適應變化？
保護密鑰	• 你系統中的令牌、金鑰、憑證、機密等是什麼？ • 它們如何受到保護？ • 密鑰是否被以某種固定方式放在程式碼中並隨著應用程式發布？ • 是否使用成熟且經過測試的系統來儲存密鑰？

2　Autodesk 連續威脅建模手冊，*https://oreil.ly/39UsH*。

主題	該主題下的範例問題
（續） 保護密鑰	• 是否有任何機密（API 或 SSH 密鑰、客戶端密鑰、AWS 訪問密鑰、SSL 私鑰、聊天客戶端令牌等）未加密地儲存在儲存庫、共享文件、容器映像檔、瀏覽器中的本地儲存等之中？ • 是否有密鑰作為任何構建或部署過程的一部分，並透過環境變數傳遞？ • 密鑰和敏感數據是否會在使用後立即從記憶體中清除，或者是否有可能被記錄下來？ • 金鑰可以輕鬆地進行更換嗎？
注入攻擊	• 是否所有來自系統外部的輸入，都被檢查是否存在格式錯誤或危險的輸入？（這尤其適用於接受數據文件上傳的系統；作為網頁、執行檔或腳本的一部分顯示的輸入，或直接合併到 SQL 查詢中的輸入；以及嵌入 Lua、JavaScript 等直譯器的系統，和 LISP）。
傳輸中和靜態資料加密	• 系統中的所有重要數據，在系統各部分之間傳輸和儲存時是否都受到保護——免受外部和內部攻擊？
資料保留期限	• 連同傳輸中和靜態資料的保護問題，我們是否保存了比實際需求還要多的資料？ • 資料是否按合規政策的需求，以它要求的時間和方式進行保留？
資料最小化和隱私	• 如果我們要保存個人資料，我們是否會根據所有必要的標準和合規要求來保護它？ • 我們是否需要最小化和匿名保留資料？
彈性	• 系統是否依賴於任何可能遭受阻斷式服務攻擊的單點故障？ • 如果系統分佈在許多服務節點中，是否可以隔離其中的一部分，降低服務但不中斷服務，以防出現局部安全漏洞？ • 系統是否提供反饋控制（監控）以允許它在發生阻斷服務或系統被探測時尋求幫助？
阻斷服務	• 考慮多租戶機制——系統內的一個租戶，能否生成阻止其他租戶工作的計算或 I/O 操作？ • 考慮儲存機制——一個租戶能否填滿所有儲存空間，以此阻止其他租戶工作？
配置管理	• 是否有使用集中式配置管理工具、具有備份和受保護的配置文件流程來建立系統？

主題	該主題下的範例問題
第三方函式庫和元件	• 是否所有依賴項（直接和傳遞）： — 都已經更新以緩解所有已知漏洞？ — 從可信來源獲得（例如，由知名公司或開發商發布，可及時解決安全問題）並驗證為來自同一可信來源？ • 強烈建議對函式庫和安裝程式進行程式碼簽章——是否已實施程式碼簽章？ • 安裝程式是否驗證從外部來源下載的元件的核對和？ • 是否有嵌入式瀏覽器（嵌入式 Chromium、Electron 框架或 Gecko）？如果是這樣的話，請參閱此表末尾的「API」項目。
強化	• 系統設計是否考慮到系統必須在強化過的環境中執行（關閉出去的通訊埠、限制文件系統權限等）？ • 安裝程式和應用程式的執行程序，是否只需要運行所需的最低權限？他們會盡可能放棄特權嗎？ • 雲端服務的平台上是否使用強化過的映像檔？ • 應用程式是否僅使用絕對路徑加載函式庫？ • 系統設計中是否考慮了服務隔離（容器化、限制主機資源消耗、沙盒模式）？
雲端服務	• 在設計和使用雲端服務時，是否遵循了已知的最佳實踐？ • 角色要求和安全策略 • 在適當的時候使用 MFA • 有計畫地進行 API 密鑰輪換 • root 訪問權限（對你的雲端服務供應商管理系統）是否已正確強化、管理和配置？ • 每個雲端服務的權限是否都收緊了？ • 是否所有反向通道（伺服器到伺服器、內部 API）等通訊都通過 VPC 對等在內部路由（即，反向通道流量不通過公開網絡）？
開發環境、測試環境和正式環境的實踐	• 環境是否得到充分保護？ • 對於測試環境（尤其是暫存 / 整合測試）而言，其測試數據是否來自正式環境？如果是這樣的話，敏感數據（例如，個人身分資訊或客戶數據）是否在使用之前被移除或屏蔽？ • 電子郵件功能，是否始終使用公司管理的電子郵件帳戶進行測試（即不使用公共電子郵件提供商，例如 *test@gmail.com*）？ • 對每次的程式碼提交，是否由合格人員執行程式碼審查（沒有直接合併到發布或主要分支）？ • 單元測試和功能測試是否包含任何安全功能（登錄、加密、物件權限管理）？

主題	該主題下的範例問題
API	• 如果你的 API 可供瀏覽器使用，你是否應該研究 CORS？ • 你是否使用了正確的身分驗證和資源授權模式？ • 你在考慮偽裝成正常使用者行為嗎？注入攻擊？

請務必注意，這是一個引領思考討論的主要問題列表，而不是檢查清單。團隊不應簡單地回答每個問題並繼續前進；相反地，針對正在構建的系統和環境，團隊成員應討論這些問題並給予回應。目標是引發關於「可能出現什麼問題」的想法，如果系統已經到位，同時也要促使開發人員重新檢視那些過去沒有被解決的問題——為了讓系統上線而產生的技術債務。

事實證明，並不是僅僅回答完上述問題就完事了。這個方法最困難的部分，就是團隊成員必須要能夠藉由這些問題進一步提出「接下來，可能會發生什麼問題」的想法。這裡的重點是鼓勵探索，而不是思考「這個系統中可能存在什麼欺騙問題？」我們的問法是，「關於身分驗證，在考慮了普遍人們都會遇到的問題之後，你還能考慮什麼？」

一旦團隊將引領思考討論的主要問題列表應用於其系統，團隊將審查所有確定的發現，並且如果有安全專家在場且需要的話，專家將指示團隊進行進一步調查。這個想法是專家提供更多的想法，而不是批評，例如，「哦，在這裡，你忘了這個。」這也使專家能夠確定團隊需要更多正規教育的領域；例如，團隊成員在身分驗證和授權方面做得很好，但他們的日誌記錄或強化方法需要更深入。

在此可以考慮蘇格拉底式方法（*https://oreil.ly/x9_Jj*），老師通過使用爭論性對話引導學生實現認知，而不是僅僅擴展給定的觀點。人們普遍認為，這種方法更能激發批判性思維，有助於挑出錯誤的預設。透過在一個方向上「推動」團隊並引導圍繞一種可能性的對話，安全專家創造了一個定向學習的機會，這比僅僅一一列出可能性並檢查它們是否有堅持守則而更有效。

如果沒有專家在旁的話，團隊需要進行反省活動。例如，沒有任何發現是因為系統已經足夠良好，還是因為團隊挖掘不夠深？在任何情況下，負責人或團隊領導者都應針對任何薄弱的知識領域（當團隊詢問「他們所說的『你們的密鑰長度是多少？』是什麼意思？」或「什麼是資源授權？」時）提供對團隊進行進一步的專業培訓。完成後，你可能希望對該特定主題領域進行較小的討論，並在那些缺乏深度的領域不要放太多精力。

應用主要問題列表作為分析指南的結果如下：

- 基於關於給定主題的系統設計的調查結果
- 如果團隊感覺無法深入挖掘，則這個主要問題就是團隊的學習機會
- 確定在系統範圍內，評估了安全系統設計的基礎知識

你什麼時候知道你做得夠多了？

威脅建模中的一個常見問題是何時停止建模活動。你什麼時候才會知道你已經檢查得夠多，思考得多，並對你的系統提出足夠多的質疑，以至於你可以認為任務已經完成？這是一個很私人的問題。我們經常在半夜醒來時突然地靈光乍現，因為我們意識到我們沒有問過**這個**問題，或者沒有以正確的方式考慮**那個**向量。對於威脅建模，我們總是覺得我們可能會忘記一些重要的事情沒有考慮到。但你不需要偏執地在意須有效地建立威脅模型，保持這一個想法很有幫助。

在 CTM 中，找出問題的答案變得更容易，因為根據定義，威脅模型是進化的，並且仍有一些機會需要進一步探究。但是日常指導方針是必要的，且經過深思熟慮和反覆地嘗試之後，當滿足以下條件時，你應該認為威脅模型是完整的：

- 所有相關的圖表都在文件裡。
- 你在開發團隊選擇的工作追蹤系統中，以議定的格式記錄了背景資訊和相關發現。
- 威脅模型的副本被存放在集中式、具存取控制和版本控制的程式碼儲存庫，並受到產品團隊與安全團隊所共享。

如果沒有安全團隊或安全專家在場進行審查，我們建議你選擇具有安全意識的團隊成員，作為安全指導的「魔鬼代言人」，他們將質疑威脅模型中做出的安全假設，在任何論點中戳破漏洞以尋求緩解措施。這樣的話，至少你可以確保徹底地檢查了任何薄弱環節。

如果安全團隊或專家準備好以提供幫助，那他們應該扮演教育和指導的角色，努力**提升**產品團隊的安全態勢而不是**質疑**它。為此，你可以透過對團隊在威脅模型期間的表現提出建設性批評，指出獨特且可能是產品領域導向的問題以進一步探索，並確保開發團隊檢查所有關鍵領域，如身分驗證、資源授權，加解密機制和資料保護來做到這一點。

威脅模型的每一種情境

因此，希望基準線和初始分析能夠弄清楚系統狀態，以及你現在必須修復的問題，然後進一步解決它們。但是，如何解決當系統發展處於持續發展和威脅模型落後的問題呢？你如何避免在另一個開發週期結束時，執行相同的廣泛基準線練習的需要？

不管你怎麼看，只有一個因素需要為將錯誤引入系統而負責，那就是開發人員。最終，是開發人員決定使用哪些參數、給定的流程將採用哪種操作順序、事情怎麼發展以及誰可以在系統中做什麼。這意味著如果你想至少解決其中的一些問題，就必須在開發人員級別解決它們。

那麼，你如何應用主要問題列表的解決方案框架於開發人員，並且在同時間，既尊重開發人員的工作範圍，又考慮到現在只有一個人關注同一問題的許多方面，而不是整個團隊根據已經確定的事實交換資訊？換句話說，CTM 如何將上述的主要問題列表，縮減為讓任何已經負擔過重的開發人員都可以立即使用的可操作項目？對此，CTM 的回應是安全開發人員檢查清單。

使用檢查清單並不是一個新穎的方法。隨著醫生和護士開始使用檢查表，醫院的手術錯誤和感染率顯著下降[3]。自第一次機輪著陸之前，飛行員就一直在使用它們。由於檢查清單的使用案例太過於普遍，你可以在日常生活中的許多方面找到它的影子，以至於今天大多數人幾乎認不出它們是幫助記憶力的工具。

這些檢查清單中大多數都載明為了要實現某個目標狀態，而需要配置的條件。例如，我們來看看 Cessna 152 飛機的「啟動發引擎前」的檢查清單[4]：

「啟動引擎前」的檢查清單如下：

1. 飛行前檢查完成
2. 座位已調整並定位完成
3. 繫好安全帶和肩帶
4. 開啟燃油切斷閥門
5. 關閉無線電和電子設備
6. 剎車功能測試和保持

3 Atul Gawande，檢查清單宣言：如何把事情做好（紐約：Picador，2010 年）。

4 「Cessna 152 檢查表單」，FirstFlight Learning Systems Inc.，*https://oreil.ly/ATr_k*。

像「開啟燃油切斷閥門」這樣的片語描述了飛行員必須設置的目標狀態（「閥門打開」），它與之前的狀態無關。這裡重要的一點是，無論過去飛機處於哪種狀態，在啟動飛機引擎之前，飛行員都必須打開燃油切斷閥門。否則，飛行員不會繼續檢查清單中的下一步。這也是一個基本的例子——想像一下比如太空梭的啟動引擎前檢查表單，是多麼的複雜？這是一項巨大的工程[5]！

事實上，當事情可能出現災難性錯誤時，一份以正確順序列出所有正確狀態的清單是非常寶貴的。另一方面，在如系統開發這樣的活動中，其可能的狀態數量是巨大的，不可能為每個環境都創建一個檢查清單。CTM 無法為開發人員提供涵蓋所有情況的按部就班表單，它需要一個不同的機制。

出於這個原因，安全開發人員的檢查清單（Secure Developer Checklist）採用了一種不同的方法，稱為 If-This-Then-That 格式。在這種模式下，清單不包含按部就班的說明，而是包含調用和反應說明。這個想法是，開發人員將能夠輕鬆識別「如果這樣」的情境，並跟進適當的「那麼那樣」的動作。

安全開發人員的檢查清單也刻意地簡短明瞭。簡短明瞭的檢查清單並不是要用來明確告訴你應該怎麼做的手冊或指南，而是作為記憶更新工具，為開發人員指明正確方向以獲取更多資訊。

檢查清單的終極目標有點違反直覺。最終，它必須被丟棄，沒用過，或者孤立在一旁。

回到早先談到的安全培訓主題，安全培訓中最嚴重的錯誤之一，是它沒有試圖在受訓者中建立肌肉記憶機制。它有一個潛在的假設，即透過為受訓者提供大量資訊和各種多選題，他們將能夠記住它並在需要時正確應用它。但那根本不會發生。開發人員藉由開發他們理解並知道何時以及如何應用的演算法、程式碼片段和系統配置的工具箱，來學習他們的技能。在他們工作的每一個面向中，他們都是從新手開始，並且積累經驗成為熟手，最終，在充分地應用基礎知識之後才足以成為專家。但出於某種原因，這樣的規則竟然不適用於學習安全性，他們或許得在學習物件導向程式語言的某天，例如在一個為期 1 小時「省思物件中的安全性——內部工作原理」的研討會中，就必須完整地理解安全性以及如何使用、何時使用這些技術。

所以，我們希望你一遍又一遍地使用檢查清單，直到形成肌肉記憶，讓你（和你的團隊！）不再需要檢查清單。那時，你可以完全停止使用檢查清單，或者可以用更適合的給定堆棧或技術的清單代替，但仍須遵循相同的格式。

5 「STS-135 飛行數據文件」，NASA，林登·詹森太空中心，*https://oreil.ly/tczMp*。

以下是 Autodesk 安全開發人員檢查清單的摘錄；請參考最新版本（*https://oreil.ly/BYTus*）（見表 5-2）。

表 5-2　摘自 Autodesk 安全開發人員清單

如果你這樣做……	……然後這樣做
……添加了可更改系統中物件的敏感屬性的功能	• 透過身分驗證機制進行保護。你必須確保所有新功能都受到身分驗證的保護。藉由使用 SAML 或 OAuth 等強身分驗證機制驗證個人、實體或伺服器是否如其所聲稱的那樣。 • 透過資源授權以進行保護。資源授權機制強制一個人對實體或操作是否具有權限。 • 你必須確保對所有新功能執行最低權限的存取控制策略。你可以為資源授權進行不同級別的設計，但要為不同級別的資源授權保持設計的靈活性。 • 確保機密不是明文形式。機密的好壞取決於它的保護程度。使用密碼或加密金鑰時，始終保護它們是非常重要的。使用金鑰後立即清理程式變數，盡量減少它們在記憶體中可用的時間。在任何情況下都不要使用寫死在程式碼內的密鑰。 • 實踐最低特權原則。在決定執行程序或服務所需的特權級別時，請記住它應該只與執行程序或服務需要的一樣多。例如，如果你只是查詢資料庫，則不該使用具有寫入資料庫權限的用戶憑證。不需要提升（root 或管理員）權限的執行程序，不應以 root 或管理員身分運行。 • 考慮繞過客戶端程式的所有攻擊向量。客戶端應用程式使用的任何邏輯都是攻擊的簡單目標。確保不能藉由跳過應用程式的步驟、提交不正確的值等方式，以繞過客戶端控制。
……創建了一個新的執行程序或參與者	• 實踐最低特權原則。在決定執行程序或服務所需的特權級別時，請記住它應該只與執行程序或服務需要的一樣多。例如，如果你只是查詢資料庫，則你使用的憑證不應該屬於可以寫入數據庫的用戶。不需要提升（root 或管理員）權限的執行程序，不應以 root 或管理員身分運行。 • 確保安全地儲存憑證。將用戶憑證加鹽和雜湊後儲存在資料庫中。確保使用強大的雜湊演算法和足夠隨機的鹽值。 • 進行適當的強化。透過定期的修補程式、安裝更新、最小化攻擊面和實踐最低權限原則來強化你的系統或元件（商業的、開源的或從其他團隊繼承的）。透過減少進入系統的入口點數量來最小化攻擊面；關閉非絕對必要的功能、服務和存取。透過提供角色功能所需的最少訪問權限和許可，來實踐最低特權原則。審核這些每一個控制項以確保合規性。

如果你這樣做……	……然後這樣做
……使用加解密	• 確保你使用了組織批准的工具包。當系統包含外部內容（資源庫、工具包、小元件等）時，驗證這些內容是否都已通過安全問題審查是很重要的。 • 確保你沒有撰寫自己的加密方式。撰寫自己的加密方式可能會引入新的缺陷，並且自定義演算法可能缺乏必要的強度來抵禦攻擊。確保你出於正確的目的，以正確的方式使用行業標準的加密演算法。有關詳細資訊，請參閱 OWASP 加密儲存的檢查清單（*https://oreil.ly/Tk6Rh*）。 • 確保你有正確的演算法和密鑰長度。正確使用最新的行業標準加密演算法和密鑰長度。有關詳細資訊，請參閱 OWASP 加密儲存的檢查清單。 • 確保正確儲存所有機密。機密的好壞取決於它的保護方式。使用密碼或加密金鑰時，始終保護它們是非常重要的。使用金鑰後立即清理程式變數，盡量減少它們在記憶體中可用的時間。在任何情況下都不要使用寫死在程式碼內的密鑰。遵循密鑰和金鑰管理方式的行業最佳實踐。 • 驗證系統不存在不可改變的金鑰，或者無法由用戶定義的密鑰。不要把任何密鑰寫死在程式碼內。不要將密鑰保存在程式碼內、程式儲存庫、團隊和個人筆記以及其他純文本儲存中。確保密鑰正確地儲存在密碼管理器中，或者將密鑰的值進行加鹽和雜湊後，儲存在資料庫中。
……添加了一個嵌入式元件	• 進行適當的強化。必須加強每個嵌入式元件。作為強化工作的一部分，你必須： 1. 最小化攻擊面。減少進入系統的入口點數量。關閉非必要的功能、服務和訪問。 2. 選擇第三方元件（商業、開源或從其他團隊繼承）時，請了解其安全要求、配置和影響。如果你需要幫助以強化系統元件，請聯繫你的安全團隊。 • 考慮對單一元件實施威脅模型。當你使用第三方元件時，你也繼承了與之相關的漏洞和風險，因此有必要對你要使用的第三方元件進行威脅建模。識別所有進出應用程式中第三方元件的資料流，並使用 Autodesk 威脅建模手冊以生成威脅報告。 • 對第三方元件進行威脅建模時需要注意的一些範例： 1. 確保第三方元件沒有獲得比應用程式所需更多的權限。 2. 確保你沒有在第三方元件中啟用不必要的功能（如除錯服務）。 3. 確保你遵循了該元件的任何現有安全和強化指南。 4. 確保你為該元件的配置選擇了具限制性的預設值。 5. 記錄該元件在整個系統安全性中的作用。

如果你這樣做……	……然後這樣做
（續） ……添加了一個嵌入式元件	• 一旦為第三方元件確定了威脅，請確保團隊根據這些威脅的風險 / 嚴重性相應地解決它們。如果你產品所使用的第三方元件中，存在未解決的嚴重或高危險漏洞，請不要將產品出貨。 • 添加到元件使用清單。將新的嵌入式元件添加到清單中以監視它的更新和修補程式。該清單必須作為動態文檔以保持最新，在安全事件期間可以快速輕鬆地存取。
……從不受信任的來源接收到不受控制的輸入	• 驗證並限制輸入的最大值和最小值。驗證輸入值（邊界檢查），因為不這樣做可能會導致記憶體問題，例如緩衝區溢出和注入攻擊等。驗證和限制輸入大小失敗，會導致數據被寫入超過分配的記憶體空間並覆蓋掉堆棧或堆的內容。在接近使用的地方實施輸入驗證（不只是在 GUI 上！）以防止格式錯誤和意外的輸入。 • 假設所有輸入都是惡意的，並進行相應的保護。將所有輸入視為惡意輸入，至少在使用它執行操作之前，驗證輸入並清理輸出。這將會改善應用程式的整體安全狀況。驗證輸入時，使用已知的好方法（*https://oreil.ly/IDNRy*）而不是已知的壞方法（*https://oreil.ly/e_RlA*）。 • 始終在伺服器端執行輸入驗證，即使輸入是在客戶端已驗證過的，因為客戶端的輸入驗證很容易被繞過。 • 考慮在輸出之前對輸入進行編碼。當用戶輸入附加到回應上並顯示在網頁時，對輸出進行上下文相關編碼，有助於防止跨站點腳本（XSS）攻擊。完成上下文的編碼和其編碼類型，與編碼本身一樣重要，因為如果編碼不正確，XSS 可能仍然會在編碼後出現。在這篇出色的 OWASP 文章（*https://oreil.ly/hfW-f*）中閱讀有關上下文相關編碼的更多資訊。 • 考慮以編碼形式儲存輸入：例如，URL——編碼非字母和數字的字元。當用戶輸入附加到回應並顯示在網頁上時，輸出的上下文相關編碼有助於防止 XSS 攻擊。完成上下文的編碼和其編碼類型，與編碼本身一樣重要，因為如果編碼不正確，XSS 可能仍然會在編碼後出現。在這篇出色的 OWASP 文章（*https://oreil.ly/hfW-f*）中閱讀有關上下文相關編碼的更多資訊。 • 考慮你將會在處理流程中的何處以及如何使用輸入值。如果潛在惡意輸入，是源自或透過你的應用程式被發送到下游應用程式，並且如果下游應用程式隱含地信任從你的應用程序收到的資料，這可能會導致它們受到危害。為防止這種情況，請確保將所有輸入視為惡意輸入。相對的，驗證輸入並在數據輸出到下游應用程式之前，對其進行編碼。 • 確保輸入值來自不受信任的來源時，不會按照它原本的樣子來使用。即——在使用它執行操作之前先驗證輸入值。這改善了應用程式的整體安全狀況。驗證輸入時，使用已知的好方法（*https://oreil.ly/EHT1H*）而不是已知的壞方法（*https://oreil.ly/6aFPx*）。

如果你這樣做……	……然後這樣做
（續） ……從不受信任的來源接收到不受控制的輸入	• 驗證使用數據的解釋器是否知道他們將使用受污染的數據。例如一些程式語言，如 Perl 和 Ruby，能夠進行*污染檢查*。如果一個變數的內容可以被外部參與者修改，它就會被標記為受污染，並且不會在沒有錯誤的情況下參與安全敏感的操作。此功能也存在於某些 SQL 解釋器中，如果你碰巧正在開發自己的解析器或解釋器，我們建議你實現此功能。 • 把你的解析規則告知 QA 以創建模糊測試。模糊測試會拋出各種大小的隨機數據——超過、低於和恰到好處——以測試解析器和其他接受用戶輸入的函數在邊緣條件下的行為方式。如果你創建了一個接受和「理解」用戶輸入的函數，請確保與你的 QA 團隊進行溝通，使他們可以開發驗證你的解析函式所需的相應測試。
……添加網頁（或類似網絡，REST）功能性	• 資源授權保護。資源授權強制執行一個人對實體或操作的權限。 • 你必須確保對每一個新功能執行最低權限的存取控制策略。你可以為資源授權進行不同級別的設計，但要為不同級別的資源授權保持設計的靈活性。 • 透過身分驗證機制進行保護。你必須確保所有新功能都受到身分驗證的保護。藉由使用 SAML 或 OAuth 等強身分驗證機制驗證個人、實體或伺服器是否如其所聲稱的那樣。 • 驗證令牌、標頭和 cookie 的使用，把它作為來自不受信任來源的不受控制的輸入值。永遠不要相信來自請求的標頭輸入值，因為這些數據可以被客戶端的攻擊者操縱。像對待任何其他潛在惡意數據一樣對待此數據，並應用「從不受信任的來源接收到不受控制的輸入」項目下描述的步驟。 • 正確使用 TLS 並適當地檢查憑證。不要使用過時版本的 TLS。不要為你的 TLS 連接使用損壞或過時的密碼。確保你使用的加密密鑰長度足夠。確保憑證本身有效，且憑證上的簽署名稱與提供憑證的域相匹配。確保提供的憑證不是憑證吊銷列表（CRL）的一部分。這並不是要使用 TLS 和憑證時須查找的詳盡內容列表，請閱讀這篇簡短的文章（*https://oreil.ly/GvalS*）以獲取有關如何正確使用 TLS 的更多資訊。 • 使用 POST 方法而不是 GET 方法，來保護調用的參數不被暴露。使用 POST 在請求載荷中發送敏感資料比在 GET 請求的 URL 中將數據作為參數發送更安全。即使你使用 TLS，帶有參數值的 URL 本身也不會被加密，並且可能會儲存在日誌、瀏覽器等中，從而洩露敏感資訊。

如果你這樣做……	……然後這樣做
（續） ……添加網頁（或類似網絡，REST）功能性	• 確保會話不能被有心人盯上。**被盯上**的會話是指會話被以某種方法修改，透過更改標識符的方式，逃離某個使用者的有效範圍並進入另一個使用者的範圍。例如，如果一個給定的 URL 可以接受任何會話 ID，並從沒有安全驗證的查詢字串中獲取的話，那麼攻擊者可以向具有該 URL 的用戶，發送電子郵件並附加他們自己製作的 `session_id`：*http://badurl/?session_id=foo*。如果目標用戶沒有注意到而點擊進入 URL，並輸入他們的（有效的和預先存在的）憑證，攻擊者可以使用預設的會話 ID *foo* 來劫持用戶的會話。為了解決這個情境，系統需要提供縱深防禦：使用 TLS 保護整個會話不被攔截、在初始登錄系統後即更改會話 ID、為每個請求提供不同的 ID，並在會話結束後，註銷 ID 以使其無效、避免在 URL 上暴露會話 ID，以及只接受伺服器生成的會話 ID。 • 確保機密的安全儲存和可訪問性。機密的好壞取決於它的保護方式。使用密碼或加密金鑰時，始終保護它們是非常重要的。使用金鑰後立即清理程式變數，盡量減少它們在記憶體中可用的時間。在任何情況下都不要使用寫死在程式碼內的密鑰。遵循密鑰和金鑰管理方式的行業最佳實踐。 • 確保標識符的高質量隨機性。為所有標識符使用足夠隨機的值，以確保它們不容易被攻擊者預測到。使用加密且安全的偽隨機數字產生器，為標識符生成一個至少包含 256 位元長度的熵值。
……通過網絡傳輸數據	• 確保資料在傳輸過程中不會被嗅探。為了保護傳輸中的資料，你必須在傳輸它之前，加密敏感資料和使用 HTTPS / SSL / TLS 等加密連接，來保護資料在傳輸過程中不被嗅探。 • 確保數據在傳輸過程中不會被竄改。根據你的使用情境，你可以使用雜湊演算法、MAC / HMAC 或數位簽章來確保維護數據完整性。閱讀這篇文章（*https://oreil.ly/ce0LA*）了解更多資訊。 • 確保數據無法重新恢復。在傳輸數據之前，你可以使用時間戳記或隨機數來計算數據的 MAC / HMAC。 • 確保會話不會被劫持。確保會話 ID 具有足夠的長度並且是加密隨機的。確保會話 ID 本身通過 TLS 傳輸。盡可能在會話 cookie 上設置 Secure 和 HTTP Only 旗標。還要確保你的系統不容易受到會話固定的影響。閱讀這篇 OWASP 文章（*https://oreil.ly/6Nejw*）了解更多資訊。 • 確保你不依賴客戶端來保護、驗證或授權。客戶端運行在完全受用戶控制的環境中，因此也受攻擊者控制。如果你的安全控制依賴於客戶端，則它們可能會被繞過並暴露敏感數據和功能。例如，假設攻擊者能夠通過多種機制修改它，使用 JavaScript 在瀏覽器上驗證憑證或安全屬性是不夠的；例如，藉由使用代理。客戶端不應該對安全決策負責，而是將相關數據傳遞給伺服器，並將其用作他們的安全決策。一個適當的解決方案，是提供客戶端的驗證函式並用於反饋目的，但安全控制則是位於伺服器端應用程式。

如果你這樣做……	……然後這樣做
……創建一個計算或儲存綁定的過程	• 如果該過程因為任何原因而失控，請確保你不會對其他用戶和參與者造成阻斷式服務。請實施以下最佳實踐以避免 DoS 服務情況： — 使用容錯設計，使系統或應用程式能夠在發生故障時，繼續其預期的操作。 — 防止單點故障。避免和限制導致消耗 CPU 資源的操作。 — 保持短佇列。 — 正確地管理記憶體、緩衝區和輸入。 — 實現執行緒、並發性和異步性，以避免在等待大型任務完成時而阻塞的操作。 — 實施速率限制（控制進出伺服器或元件的流量）。
……創建安裝或修補功能	• 確保你的安裝程式已經被簽章過：根據定義，安裝程式須包含要安裝在目標主機中的執行檔，和負責該安裝過程的腳本：使用其權限創建目錄和文件，更改註冊表等。許多時候，這些安裝程式是具有更高的權限，因此，在向用戶驗證他們將要執行的安裝程序確實是只包含受信任軟體時，要格外小心。 • 確保你的密鑰可以輪換。加密密鑰必須定期輪換，這樣即使密鑰被洩露，也只會洩露少量數據。支援執行密鑰輪換的能力： — 定期地，由於 SOC2 或 PCI-DSS 等合規性要求，密鑰必須每年輪換一次。 — 基於事件，何時需要撤銷密鑰提供的訪問權限。
……創建 CLI 或將執行系統指令作為處理程序的一部分	• 假設所有輸入都是惡意的。至少在使用它執行操作之前，驗證輸入並清理輸出，這將會改善應用程式的整體安全狀況。驗證輸入時，使用已知的好方法（*https://oreil.ly/ucz3u*）而不是已知的壞方法（*https://oreil.ly/LDX5i*）。始終在伺服器端執行輸入驗證，即使你在客戶端執行輸入驗證也是如此，因為客戶端輸入很容易被繞過。 • 確保你不能注入無關的命令作為參數。在構建將由任何類型的解釋器、解析器等的 `eval()` 或 `exec()` 的查詢和指令時，你必須確保應用正確的驗證、跳脫符號檢查和引用符號檢查於輸入值，以避免注入攻擊問題。在解釋器方面，確保你調用的函式是目前可用最安全版本，並且（如果存在的話）你讓解釋器知道傳入的數據已被污染。 • 維持最小特權原則以確保你不會在無意中向攻擊者提供特權提升向量。在決定處理程序或服務所需的權限時，請記住它應該僅與該處理程序或服務需要的一樣多。例如，如果你只是查詢資料庫，則不該使用具有寫入資料庫權限的用戶憑證。不需要提升（root 或管理員）權限的執行程序，不應以 root 或管理員身分運行。

如果你這樣做……	……然後這樣做
（續） ……創建 CLI 或將執行系統指令作為處理程序的一部分	• 例如，如果你正在接受與檔案相關操作的輸入，請確保是在你嘗試存取檔案的完整路徑——即接近執行指令的地方進行驗證，驗證須留意修改路徑範圍的字元串，如「..」和前導字「/」被考慮在內。訪問文件或目錄時須考慮鏈接。始終使用路徑的規範格式（而不是相對路徑）來執行指令。 • 確保你執行指令的程式語言機制，沒有不安全的副作用：一個流行的例子是 PyYAML 函式庫中的 `yaml.load()` 函式。它允許攻擊者在 YAML 文件中加入 Python 程式碼，然後執行該文件。即使它是正確功能並用於所需要的用途，但也請改用 `yaml.safe_load()` 函式。PyYAML 函式庫文檔中記錄了這種差異，但許多人並未注意到。這就是為什麼你需要了解任何在你的程式碼中讀取、解析和執行程式碼的函式的副作用，範例有 `exec()`、`eval()`、任何類型的 `load()`、`pickle()`、序列化和反序列化函式等。請在 Ruby 環境中，參考此資源以深入了解分析這個問題（*https://oreil.ly/bK8Fw*）。 • 比起重新創建一個新的指令執行方式，應該要更傾向使用完善的命令執行函式庫。很有可能地，如果你嘗試推出自己的命令執行函式庫，你可能最終會忘記一種特定且晦澀難懂的字符引用方式、黑名單和白名單，或另一種操縱輸入以繞過過濾器的方式。優先選擇一個已建立的、經過嘗試和測試的函式庫，它可以減輕你的責任。同時，請務必確保選擇一個好的函式庫，並密切關注它的任何警告、更新和錯誤修復。
……添加可以破壞、更改或使客戶數據和使系統資源無效的功能	• 在執行該過程之前，考慮添加雙因素身分驗證作為障礙。雙因素身分驗證是一種頻外的方法，可提供額外的保護層，以防止攻擊者執行未經授權的操作。雙因素身分驗證必須是頻外的，並且是不同於主要身分驗證方法（你知道、你是或你擁有的東西）的身分驗證方法。例如，如果你使用瀏覽器以輸入（你知道的）密碼進行登入，則雙因素身分驗證的方法可能是使用硬令牌（你擁有的頻外東西，例如，非線上服務或不在你的電腦內）以獲取隨機值。 • 確保你不能注入無關的命令作為參數。在構建將由任何類型的解釋器、解析器等的 `eval()` 或 `exec()` 的查詢和指令時，你必須確保應用正確的驗證、跳脫符號檢查和引用符號檢查於輸入值，以避免注入攻擊問題。在解釋器方面，確保你調用的函式是目前可用最安全版本，並且（如果存在的話）你讓解釋器知道傳入的數據已被污染。 • 使用時間戳記和請求者的身分，來驗證正在記錄的操作。要追蹤攻擊者的惡意行為，重要的是記錄誰做了變更和該操作的更改時間。這樣，如果攻擊者接管了某個帳戶，則可以透過與帳戶所有者核實活動來查明惡意行為。

如果你這樣做⋯⋯	⋯⋯然後這樣做
⋯⋯添加了一個日誌條目	• 確保你沒有記錄敏感資訊（密碼、IP、cookie 等）。在出現問題的情況下，紀錄越多資訊對後續解決問題會越有幫助。但是，在許多情況下，這種方法可能達不到 GDPR 等合規性目標，並且在某些情況下，這可能會暴露敏感資訊，如明文形式的密碼、敏感 cookie 內容等。確保你沒有從中蒐集過多且非必要的用戶數據，尤其是在處理個人和敏感資訊時，確保你的日誌記錄不會保存超過所需的內容，或保存的時間超過必要的時間。 • 努力為所記錄的訊息提供不可否認的能力。安全事件不是會不會發生的問題，而是何時發生的問題。為了這種事件做好準備，我們希望向調查問題的任何人提供及時和詳細的資訊。為此，我們需要向他們保證，他們在日誌中看到的任何訊息不僅是正確的，而且只是作為報告操作的結果出現在日誌中。驗證日誌不能被未經授權的用戶（配置）修改，它們是按順序接收的，且來源是明確的。如果可能的話，對日誌條目實施簽名。

除了 If-This-Then-That 格式之外，此清單有幾個方面需要澄清。首先，你會注意到指導語言的簡潔使用，還有對更複雜問題的引用，但不是很多。這樣你就可以得到足夠的資訊來開始研究問題，但又不會不知所措。

其次，該列表盡可能地簡潔（但希望不要太過於簡潔！）。當你從 GitHub 列印它時，它適合雙面列印，字體大小合理。這個想法是讓開發人員印出該列表並將其放置在周遭（即使它包含 URL⋯⋯）並在不中斷他們的工作流程的情況下查閱它。

第三，有些重複項目是刻意為之的。請記住，重複使用是有助於開發人員建立肌肉記憶，因此將每個「this」完全封裝起來是有利的，這樣可以避免內部引用和在環境中不斷地切換。即使以幾棵樹為代價耗費更多的紙張，開發人員也必須能夠說「這就是我所做的」並看到「這就是我現在需要做的」的全部內容。

第四，也是最後一點，過度使用「確保」一詞是有意的。你如何「確保」某事？透過詳細了解它。如果你不能「確保」，那麼你就會有疑慮，而這些疑慮需要透過聯繫安全專家或著手研究，甚至諮詢可能提供見解的同事來回答。使用「確保」一詞是為了進一步研究和交流：在確定之前你並不確定。

一旦開發人員選擇要實作的使用者情境，他們就應該考慮使用安全開發人員清單對其進行評估。如果使用者情境具有安全價值——也就是說，它以任何方式改變了威脅模型，或者在實現的緊鄰範圍之外具有安全隱患（例如，它創建了另一個系統將會使用的輸出內容，因此需要發展安全規範）——然後使用者情境會收到一個 *potential-tm-update* 票單，威脅模型負責人將考慮這個票單，以及我們之前描述的結果。如果安全價值有被包含在內，則開發人員即可安全地實作使用者情境，將足夠的資訊添加到其票單以允許其文檔化。威脅模型中的文檔聚焦於「這個使用者情境提出了這些威脅，這是團隊如何緩解這些威脅。」這可確保下次訪問完整威脅模型時不會重新評估威脅，即使要重新評估的話，則有足夠的資訊來確定緩解措施的有效性。

起初，我們看到開發人員在查看檢查清單之前，就開始實作他們的使用者情境。但是隨著時間的推移，當他們熟悉該列表並在實作之前參考它。這使他們能夠考慮可以採取哪些不同的措施，來消除或更充分地緩解已發現的任何問題[6]。

把上述提到的部分以數字形式表示，當開發人員在不查看檢查清單的情況下，首次開始實作使用者情境時，他們需要額外的時間，其中包括識別問題和相應的補救措施，我們稱其為 T1。一旦開發人員在開始開發之前熟悉使用檢查清單，他們仍然需要時間來進行分析和修復，我們稱之為 T2。因為開發人員在開發**之前**使用檢查列表，所以 T2 < T1，這僅僅只是因為重複使用檢查清單列表，使開發人員能夠快速查看和識別問題以及安全地編碼。隨著時間的推移，T2 將進一步縮小，為你和你的組織提供更大的增加幅度，使他們能夠證明持續威脅建模的有效性。但是，遺憾的是，現實是不斷變化的環境，它總是有一個學習曲線，開發人員會不斷地被拉向不同的方向。雖然 T2 會縮小，但可能會隨著技術變化，和開發人員需要適應而稍微地反彈。

現場調查結果

目前 Autodesk 已經使用了 A-CTM 大約兩年（截至 2020 年底）的時間，並且，外部使用者也開始使用 A-CTM。來自應用程式安全社群的回饋大多是積極的；任何批評都具有巨大的建設性，並直接改進了整個過程中的方法。

在 2020 年 1 月，Allison Schoenfield 和 Izar 展示使用 A-CTM 的一些初步結果[7]。Schoenfield 不斷地蒐集資訊以衡量和改進方法，但現在你可以檢查一些初步發現：

- 開發團隊似乎以不同程度的熱情擁抱 CTM，這主要是基於他們的企業文化。擁有更獨立、以研究為導向的文化的團隊似乎更願意自己動手，而來自於嚴謹企業文化的團隊有時會感到缺乏指導，或者被認為缺乏方法所提供的指導所淹沒。對於這些團隊，來自中央單位 AppSec 團隊的安全專家，其存在和干預是非常寶貴且難以替代的。

6 Brook S.E. 報告了類似的結果。Schoenfield 在記錄他在 McAfee 的工作時，將威脅模型作為通用知識工具，並在 Agile 站立式會議中使用——因此，從他和我們的經驗中，我們了解到向開發人員提供調查結果的重要性。

7 Allison Schoenfield 和 Izar Tarandach，「擴大規模很難——威脅建模封面」，YouTube，2020 年 2 月，*https://oreil.ly/xobBx*。

- AppSec 團隊較少參與威脅建模的日常執行和審查週期，這減輕了一個小團隊為許多產品團隊服務的負擔。年度（或主要功能）審查時間必須相應調整。鑑於 Autodesk 目前維護著 400 多種產品，一旦所有團隊採用 A-CTM，將需要持續進行審查工作。要管理好這個佇列並保持平穩運行，這確實給團隊帶來了一定的工作量。AppSec 團隊必須創建審核指南並與產品團隊達成一致。AppSec 團隊還將之前的發現製成表格，尋找指向需要關注的領域和問題的模式，以防主題列表中沒有出現這些問題。
- 使用標準來生成威脅模型報告可進一步減少 App Sec 團隊的工作量，因為它使安全工程師和架構師能夠以最少的成本，在不同產品之間移動審查，以查找了解其正在審查的系統所需的詳細資訊；安全工程師和架構師之間可以進行更有效的溝通，因為所有內容都在同一個位置。
- 大多數產品團隊對系統的演進表示滿意。由於他們可以在「正確的時間點上」於系統中識別出威脅和發現的情況下進行持續討論，因此他們覺得能夠以高效的速度和時間對問題做出反應，從而減少安全問題的數量，並且在待辦事項中持續追蹤已知問題。
- 由於該方法的進化性質，錯過的缺陷會產生更少的責備，取而代之的是一種更具支持性的教育方法（「要嘛贏，要嘛學習！」）。

整體而言，我們認為 CTM 正在實現其設定的結果。該方法論絕不是完美的，但我們期待你的參與使其變得更好。我們需要你的意見！

總結

在本章中，你了解如何將威脅建模從單一時間點活動提升為連續活動。它可以轉變為許多組織可以採用的方式並融入他們的開發結構中，從使用瀑布式開發方式的組織到更傾向於敏捷方法的組織，再到擁有更獨立文化或更嚴格、更穩固的文化的團隊。我們向你展示如何透過創建兩種速度的流程，以克服創建「現在的情況」威脅模型的初始減速帶，以及之後如何迭代系統的新增功能（以任何速度發生！）為了使威脅模型保持最新以跟上開發進度。希望你能夠在自己的環境中使用此方法，復刻 Autodesk 的程式碼儲存庫並添加你自己的修改——以及不要忘記與威脅建模社群共享它！

第六章

扮演威脅建模負責人的角色

你不能讓他們只聽令行事。聽令可能只是一種臨時解決方案。但要實施真正的變革，推動人們完成真正複雜、困難或危險的事情——你不能強迫人們去做那些事情。你必須領導他們。

——Jocko Willink

在本章中，我們提供了常見問題的答案，以及前幾章中未涉及的角度和細節。我們使用 Q&A 方式來解決我們每天收到的一些問題。這些問題來自各個方面：與我們合作的開發團隊、我們的直屬管理層或他們的直屬管理層、有經驗的老手和新手；有時，是我們自己。我們希望他們能為你提供更多思考點，以說明成為威脅建模者、安全從業者和變革領導者的意義。

我如何透過威脅建模獲得領導力？

Q：我們團隊的領導層並未完全認同威脅建模的價值。他們看不到擁有這種能力或進行必要的投資來構建它，會獲得什麼樣的好處。身為安全擁護者或領域專家的我是否可以做些什麼，來幫助促進這種對話並獲得他們的支持？

A：提醒他們如果不這樣做會發生什麼事。領導層可能不了解威脅建模對系統安全和品質的影響。

你可以嘗試使用兩個不依賴於「專家說我們應該」（這是一個更贊成在顧問身上多花錢而不是獲得實際價值的開場白）的主要論點。嘗試告訴你的領導以下內容：

- 如果開發團隊成員進行分析，他們將更加了解系統的各個角落和縫隙。這將縮短他們在進行必要修改時所需的時間，並將促進安全文化的興起。
- 活動本身是一種教育工具，可以提高開發團隊對什麼是安全系統的認識。即使在練習過程中沒有發現任何缺陷，他們也會對未來的安全發展有更高的認識。

如果可以，請使用有關你自己產品的現有資料以鞏固你的立場論點：

- 你的系統是否存在由設計缺陷而導致的缺點？
- 這些缺陷是否為時已晚而無法解決？
- 它們是否對客戶或業務造成影響？
- 花費了多少時間或成本修理這些缺陷？

如果你維護一本風險登記簿或者只是單純地有一個缺陷列表，請捕獲此成本和有價值的資訊並用在構建部署此功能的案例。如果你能夠證明在減少系統中有問題方面的價值，並表明以某種最小化成本之方式來解決這些問題（即透過儘早使用該功能，以便從一開始就徹底地避免問題），那麼領導層很可能會支持你的提議。

此外，還可以使用跨行業資源，例如 SAFECode（*https://www.safecode.org*）或成熟度模型中構建安全性（BSIMM）（*https://www.bsimm.com*）。雖然這些可能屬於「專家說我們應該」的類別，但 SAFECode 是一個聯盟，而 BSIMM 是來自不同垂直領域的公司的調查結果的集合，兩者都指向數據支持並顯示，威脅建模作為一種實踐是有效的產品安全計畫的核心。透過這種方式，我們可以取經自知名公司的實踐經驗，而不是訴諸權威的一種做法。

在這一天結束的時候，藉由創建一個框架來識別和緩解設計中的問題，同時生成安全測試和文件，進而指出整體的結果以帶來可衡量、更安全的產品。這種方法應該成為領導者的有力論點。

我如何克服來自產品團隊其他成員的阻力？

Q：管理層認為威脅建模是個好主意，他們已經看到並理解在軟體開發生命週期的早期，執行此關鍵活動的價值，但我遇到了來自我的產品團隊隊友的抵制。我能做些什麼來克服這種阻力？

A：首先，你需要了解他們抗拒的緣由，與其他開發人員交談並了解他們的痛點。也許可能是他們覺得自己沒有必要的經驗；也許可能是他們害怕錯過一些重要的事情並在事後受到指責。也許可能是提出的方法與他們的整體開發方法不匹配，或者，他們可能被其他要求壓得喘不過氣來，覺得自己根本沒有時間再滿足任何一項要求。

在三個方面採取行動：

卸下責備

威脅建模應該是一趟針對系統設計且沒有責怪他人的探索之旅，沒有人會刻意地做出導致缺陷的決定（當然，除非他們是「惡意的內部人員」）。從事此類工作需要「要嘛贏，要嘛學習」的心態。

調整方法

你可能會聽到一些常見的抱怨：「它太笨重了」「它會減慢我們的速度」「我們可以編寫程式碼或者以文件來記錄設計；那它會是什麼？」「我們對安全性了解不夠」等，如果團隊對所使用的方法不感興趣，看看你是否可以找出任何團隊可以接受（或被說服接受）的不同方法。請理解，沒有任何方法一定恰好地可以滿足你的需求。不要害怕從小事做起，隨著實踐而成長並藉此得到更好的接受度——還記得我們是如何提到這個過程應該是漸進的嗎？除了分析的深度或調查結果的「優點」之外，該過程還應該隨著它的逐步發展而被更好地接受。

引進專家

尤其是在對現有的、可能很複雜的系統進行第一個威脅模型時，由於存在大量的可能性，以至於這項任務令人望而生畏。讓威脅建模專家顧問帶領活動或至少向團隊進行講解或示範，可以為團隊指明正確的方向並帶來巨大的不同。提醒團隊，專家的作用不是批評設計，而是透過促進圍繞設計的對話並向團隊提供意見和指導，幫助使其更加健壯、有彈性和安全。

請記住，最好從小地方開始著手並且做好準備，而不是單刀切入大主題而失去將實踐添加到你組織的安全開發生命週期中的機會。

我們如何克服威脅建模的失敗感（或者實際的失敗）？

Q：伴隨著管理層的支持，團隊已經實施了威脅建模活動，但我們覺得在威脅建模方面失敗了。我們怎麼知道自己是否真的失敗了，或者這只是恐慌或對最終結果的不確定性？在這兩種情況下，我們如何才能自信地取得成功？

A：如果你有管理層的支持並且團隊已經在實施威脅建模的旅程上，那麼你已經具備了構建成功的威脅建模實踐的基本要素，但我們承認這遠遠不夠。讓我們從定義**成功**在這種情況下的含義開始。問自己幾個問題，然後仔細思考答案：

你是否

感覺你能夠創建一個系統模型，其中包含系統的關鍵方面以及所有主要部分？團隊是否同意系統模型（亦稱系統的抽象表示式）對應於設計或實際系統的實作面？

你是否能夠

指出最有價值的部分——系統的重要資產、資源和資料——在哪裡，以及如何保護它們免受攻擊？識別單點故障、外部依賴和「看起來不合適的東西」？

如圖 6-1 所示，如果你對前面提出的任何問題的回答都是「否」，那麼你甚至在進行威脅分析之前就已經感到失敗了。相反地，你應該更仔細地研究如何處理**系統建模**任務。

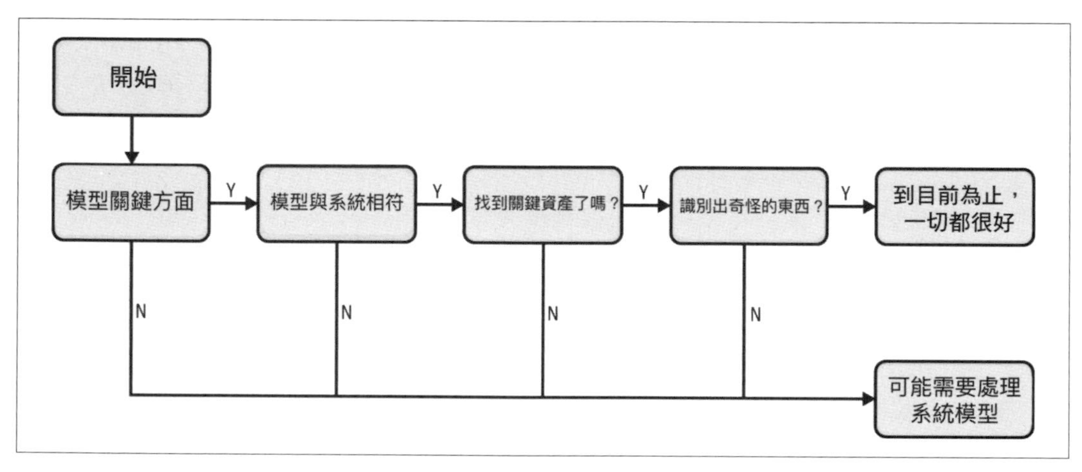

圖 6-1 問自己幾個問題

很多時候，蒐集資訊並讓每個人都同意你放入系統模型中的內容代表了所考慮的實際系統，這比識別針對它的威脅要困難得多。還記得我們提到靈光乍現的時刻嗎？當你發現實作面與文件所記錄的設計不相符時候？如果是這種情況，也許是時候讓整個團隊一起更新系統的抽象表示方式，而不是繼續進行威脅建模活動。此時在討論團隊中所遭遇挑戰的根本原因時，請注意避免 GIGO；系統模型中的混亂或不完整，與故意誤導或垃圾數據不同。藉由指出差異點來建立對執行威脅建模活動的團隊信心，並讓團隊共同採取行動以確定哪裡出了問題，確定對系統模型的必要修改以消除差異，才能夠充滿信心地繼續進行，因為你知道你有可靠的、具代表性模型可以繼續工作。

如果你對前面提出的問題的回答是「是」，那麼你正在構建有效的系統模型，但是透過分析抽象來識別威脅，可能是一個值得關注的領域。每個團隊成員都應該問自己或問整體團隊成員以下問題：

1. 威脅建模活動是否產生了有效的發現？

2. 你是否從蒐集的資訊中，學到了你以前不知道的系統資訊？

3. 你能修正任何已經發現的缺陷嗎？

值得再次一提的是——*這很重要*——威脅建模是一個進化的過程（請參閱第 5 章以了解實踐中的想法）。對於一個剛接觸威脅建模實踐的團隊而言，與其以把大海煮沸作為目標，並試圖在初次就把一切都做好。你應該使用一種定期、不斷地評估和發現的方法，這樣你就可以不斷地從中學習和識別缺陷。

如果你對這些問題的答案是正面的，那麼你並沒有失敗，你已經從流程中獲取價值了！如果你仍然有失敗的**感覺**，則需要樹立對自己取得成功的信心。

這裡的信心來自經驗和價值感；認知到團隊的發現何時具有影響力。確定反饋迴路——QA 團隊所提交的品質問題是否有所減少？安全掃描工具在上次運行中發現的結果，是否有變得比較少？針對你系統的漏洞賞金計畫，其提交報告的數量是否有變化？從下游功能中獲取的資料並將它們與威脅建模活動結果相關聯起來，並確信你已經實現的結果對系統的整體健康和安全，產生有意義的影響。完整性不是成功所必需的，所以此時不要擔心完美。

在考慮怎麼樣的錯誤會替系統模型（即系統的抽象表示方式）帶來挑戰時，請考慮團隊會被絆倒的幾個常見領域：

- 若沒有合適的人一同參與系統抽象表示式的創建，會導致道聽塗說的、錯誤記憶的或是對設計的誤解。重新檢視誰能為模型做出貢獻，讓了解系統設計的人直接參與活動[1]，或是對那些知曉相關細節的人士進行訪談，以建立活動與會者的第一手經驗。

- 不明確或模棱兩可的需求，可能會導致設計中的假設或混亂——這將是前面提及的「沒有 GIGO」規則的例外，你應該仔細研究。如果設計團隊因為需求造成的混亂而無法正確地實現系統，那麼取得成功幾乎是不可能的事。但不要將責任推卸給負責需求定義的產品經理或其他利益相關者；工程團隊，作為引出需求，這一個過程的利益相關者，有責任確認需要改進的領域，並支援創建可以帶來最終設計正確性的需求。修正「失敗」以在威脅建模中取得成功，以此作為識別品質規則的一種方式，支援未來的可設計性。藉由展示威脅建模的成果，可以在軟體開發生命週期的上游和下游建立信心。

1 當然，假設這些人仍然有空。

- 在處理第三方元件時，硬體或軟體功能的不確定性或混淆，可能導致最終系統設計中的功能假設不夠完善。根據所涉及的系統元件的特性和約束條件，確保系統抽象表示式具有正確的資訊，並且根據其抽象表示的細節以識別弱點，以及讓團隊成員與跨團隊成員（例如品質團隊或構建團隊）分享這些知識來建立信心。如果在設計者或開發者層面存在混淆，那麼專案內的其他成員可能也會混淆。知識共享是在活動中展示能力和價值的好方法，它可以帶領系統抽象表示與資訊的構建，還可以打開一個溝通方式，為系統建模參與者提供更多資訊，帶來更有效的威脅建模活動。

如果你覺得儘管做了這裡提到的所有事情，你的威脅建模仍然無法生成有效的發現，那麼也許是時候請專家來對團隊進行教育訓練，以了解團隊可能沒能識別出來的可能缺陷和漏洞。專家還可以幫助你制定一個側重於基礎而非只是制式化的培訓計畫（例如，相較於「使用物件關聯性映射（ORM）」，為什麼混合外部提供的數據和 SQL 查詢可能是一個壞主意」[2]。這將使你的團隊能夠更深入地了解系統的功能並識別更多的戰術威脅，並且能夠藉由添加「消除」整類威脅的中間層將安全性納入設計。你的團隊將對有價值的行動充滿信心；在某些情況下，這邊提到的價值可能不完全與安全性相關，但這沒關係。

我應該如何從眾多類似的方法中選擇一種威脅建模方法？

Q：在探索的所有威脅建模方法中，它們的共同點是什麼？在大多數（如果不是全部的話）方法中的威脅模型，可以被識別出來的絕對需求又會是什麼？

A：你見過 Tim Toady 嗎？他更廣為人知的名字是 TIMTOWTDY，或者對於初入業界的人來說，他的 Perl 程式語言指導格言——「做這件事的方法不只一種」更為耳熟。到目前為止，你知道它肯定適用於威脅建模，同時考慮你的環境、團隊、開發方法以及我們在前幾章中探討的其他因素。但是，儘管有各式各樣的選項，但仍必須滿足一組常見的需求，才能最終得到一個合適、有用且具有代表性的威脅模型：

系統建模

將系統轉化為具描述性表示式的能力，可以根據系統中每個元件的特性和屬性，對其進行操作。

風險識別

遍歷系統模型並識別其所處風險的種類，以及它們如何作為漏洞實現的能力。

2 M. Hoyos，「什麼是 ORM 以及為什麼要使用它」，Medium，2018 年 12 月，*https://oreil.ly/qWtbb*。

風險分類和排名

　一種正式的方法來了解哪種威脅更緊迫、為何如此，以及它們以何種方式影響系統。

在 ... 之後採取進一步行動

　針對所識別的威脅，其得到解決或減輕，或至少被接受為組織風險偏好概況的一部分，達到這一種狀態的方式。

知識共享

　從本質上來講，每種方法都有助於團隊成員和利益相關者之間的溝通，其影響超出了眼前的安全需求。

結果數據蒐集

　一種反饋機制，用於衡量付出的努力與收穫結果之間的相關性；在結果中，出現最多次的領域和主題——為了推動教育和規劃，理想情況下，透過使用包羅萬象的安全設計模式、函式庫和工具來緩解。

如果你能夠找到或開發一種適用於你的開發團隊**並**實現這些目標的方法，那麼你就找到了實現它的方法。在一天結束時，如果你得到有用的發現（適用於你的系統；已識別、分類和排名；並且已確定的緩解措施），此時你的團隊正在學習並變得具有安全意識，並且你的系統以良好地表示方式和分析的狀態運行著，那麼你已經滿足了威脅建模的所有需求，並獲得了威脅模型的好處。

我應該如何傳遞「壞消息」？

Q：我有一個威脅模型及其生成的結果。我如何組織它們以進行演示以及在那之後採取進一步行動？如果我必須告訴每個人壞消息該怎麼辦？

A：有時你的威脅模型發現表明——是時候回到白板上並修復系統的基本設計缺陷了。你可以透過一些基本建議來「減輕」壞消息（負面結果）的打擊：

- 維護所有利益相關者都能理解的具明確定義的評分系統。
- 構建可信賴的且可實現的攻擊情境，使安全背景有限的讀者能夠理解漏洞中的缺陷是如何被利用的。

- 以可供不同級別的利益相關者（管理層、QA、開發人員和風險評估專業人員）使用的術語呈現調查結果。

請納入一個小型商業案例用以描述發現，如下所示：

> 冒充已通過身分驗證的用戶，攻擊者能夠在我們產品反饋頁面的評論欄位中，注入惡意 *JavaScript* 程式碼。當其他用戶（經過身分驗證或未經過身分驗證）訪問這些頁面以閱讀發布的反饋訊息時，該 *JavaScript* 程式碼將在其他用戶的本地端瀏覽器環境中運行，並能夠提取其敏感資訊，例如會話標識符，在某些極端情況下還可以提取憑證。

這些資訊可以用不同的方式編寫，使用開發人員可以立即理解的更多技術術語，例如，「你的評論欄位中存在跨站點腳本缺陷。」這樣會更簡潔，但對於任何沒有安全意識的讀者來說，簡潔的表達會使他們不易理解。以同樣的方式，你可以添加 CVSSv3 分數作為關鍵性的衡量標準（雖然它不是，但為了討論的目的，讓我們接受並使用當前的行業標準）並添加風險是「CVSS:3.0/AV:N/AC:L/PR:N/UI:R/S:U/C:H/I:N/A:N 6.5 中等。」這可能會讓正在尋找影響時間可能性的分類的風險專業人士望之卻步。

傳遞壞消息從來都不是一件愉快的事，但清晰的陳述可以大大地促進積極的變化。清楚地公開事實，並包括調查結果可能依賴的任何假設，以使所有利益相關者更容易理解更改和修復的需求。為每個目標利益相關者使用正確的語言，和表示將保證溝通過程沒有歧義，並且每個人都有他們需要的數據，以推動他們的決策過程。

我應該為已被接受的威脅建模結果採取什麼行動？

Q：一旦我記錄調查結果並對其進行排序，那就該制定補救時間表了。我怎麼知道要修復什麼，什麼時候修復，還有多長時間需要修復？

A：這在組織之間會有所不同，甚至在不同的環境中也會有所不同；使用你組織的風險評級系統和風險接受政策來解決問題。舉例來說，具有大量用戶的 Web 系統中，有一個嚴重漏洞；此類問題的優先等級，可能高於針對客戶端桌面應用程式無法從外部網絡進行訪問的嚴重漏洞（因為這兩種情況的風險級別不同）。要記住的重要一點是一致性。

對於每個給定的關鍵等級，即——為了解決問題的允許工作時間長度，設置策略或服務級別目標。如果你有在特定時間段內解決某個缺陷的外部承諾（例如「源自於外部回報的每個嚴重漏洞，將在三個工作日內修復」)，則對內部識別的漏洞亦使用相同的工作時間承諾。僅在真正必要的情況下允許例外，以免你創造一種「不可協商」突然變得靈活的文化。

針對例外性的有效範例，可能是在應用程式核心中發現的設計缺陷，這將需要對系統的大多數元件進行重大更改；在這些情況下，可能有必要在開發過程中增加更多「障礙」來間接減輕影響，而不是停止一切直到缺陷得到糾正。相反地，針對例外性的無效範例是「我們現在沒有時間」。如果你認為**現在**時間不多，那麼想像一下，當漏洞跳出來的時候，事情會變得多麼倉促，屆時，你必須**立即**解決問題。如果你可以為特定發現的關鍵性提供有效的案例，那麼將其擴展到需要「在給定的時間承諾內修復該發現」應該是一個必然結果。否則，你只是記錄一筆關於安全性的技術債，並延遲它「在以後」解決。

將發現視為程式臭蟲，但保留額外的資訊層。藉由將你的發現保存在缺陷追蹤系統中，清楚地將其標記為源自威脅模型，你將能夠保留其緩解措施的運作歷史記錄，及時回顧並提取足夠的資訊，以更好地了解你和你團隊的表現。添加可幫助你對調查結果進行分類的元數據，以便你可以查找模式。例如，如果事實證明，大多數缺陷都被標記為源自於威脅模型的資源授權問題，那麼也許是時候放慢腳步，讓每個人都坐下來討論資源授權原則，考慮採用一種設計模式以集中系統內所有的資源授權請求。這可以帶來建立一個標準「這就是我們如何為我們的產品做資源授權決定」，然後成為開發指南。團隊的新成員將其作為公認的標準並接受，並且隨著時間的推移，資源授權問題將逐漸減少並消失（或演變成不同的資源授權問題需要被解決）。

同樣重要的是，要考慮到不同的角色會對同一個發現的不同觀點感興趣：品質保證人員和開發人員將需要盡可能多的細節，而管理層可能只需要紀錄所確定的發現，之後再一起解決，產品負責人和專案經理可能對不同發現中出現的模式更感興趣。透過以允許查詢的方式來儲存調查結果的詳細資訊，盡可能自動生成這些視角非常重要，當然，所有這些數據都必須受到嚴格的存取控制。

我錯過什麼了嗎？

Q：透過滲透測試活動、漏洞回報獎勵計畫和真實的安全事件，我不斷發現設計級別的問題——我在威脅模型中是否遺漏了什麼？

A：有可能吧，但是沒關係。威脅模型遠非調查結果的唯一來源。滲透測試、專注於安全問題的品質保證和（最近的）漏洞回報獎勵計畫，都是需要相同排名和緩解措施的問題來源。但始終仍存在一個問題——當這些問題已經成為產品的一部分時，如果威脅建模如此出色，為什麼它不識別這些其他活動所發現的問題？

威脅模型與其**發現**之間存在明顯差異。威脅模型不應是某個時間點的活動；它是隨系統抽象表示式而變化的動態文件。威脅模型所發現的結果，提供了改進的機會。為了促進版本之間與不同產品團隊之間對所發現結果的溝通和理解，我們建議你遵循一致的格式，以減少重新訪問威脅模型的工作量、在團隊成員彼此之間、跨團隊之間傳遞威脅模型的責任。

最重要的是，一個完整的威脅模型需要被歸類為機敏資訊，並在完成後進行相應的處理，因為它包含有關如何攻擊系統的實用藍圖。

威脅建模作為一個過程是會進化的。今天的威脅模型需要比昨天的更好，明天的威脅模型需要比過往的更好。為此，團隊成員需要不斷地學習，威脅模型完成後的發現是新領域的重要來源，團隊在下次威脅建模時，需要在這些領域更加努力地尋找結果。每隔幾個月重新審視你的實踐，並嘗試確定那些需要較少關注的領域（因為組織已經適當地處理它們，或者至少學會如何處理）和需要更多關注的新威脅領域（或者因為它們已經被確定為組織的薄弱區域，或者因為研究人員最近才發現它們——或者因為你之前認為這些威脅超出了範圍，或者在早期的威脅建模中，屬於系統安全技術債的一部分）。

接受打擊並且從中學習；然後回到起點，重新開始。

總結和結尾

我們期望這些常見的問題，能為你提供足夠的資訊和背景，以幫助你與其他利益相關者進行相關討論。透過這些討論，你可以確定最常見的障礙以開始威脅建模實踐，並可以快速處理「但是怎麼樣」的問題。

希望你在閱讀本書的過程中能獲得一些有用的意見和建議。我們在編撰這些主題時的感覺是，如果像這樣的文字內容在我們開始威脅建模之旅的幾年前就出現，它會對我們有所幫助。其他書籍著眼於安全設計和威脅建模，針對特定方法和設計模式提供更集中、更深入的方法，我們全心全意地建議你使用那些書籍。

我們希望你的威脅建模之旅有一個有趣且有益的開始或者延續。用 Adam Shostack（*https://oreil.ly/qEg2V*）的話來說：「我對威脅建模了解得越多，[...]」── 我們將不斷地促進威脅模型領域發展、撰寫文章、出版書籍、創建方法論和演講，我們都在不斷學習。我們期待著你未來對這個領域的貢獻。

進一步閱讀

對這個領域感興趣的每個人，以下是一些主要建議：

- Adam Shostack 的部落格，「Adam Shostack 和朋友們」（*https://oreil.ly/n8axu*）
- *保護系統：應用安全架構和威脅模型*，作者：Brook S.E.Schoenfield（CRC 出版社）
- *威脅建模：安全性設計*，作者：Adam Shostack（Wiley）

針對那些在威脅建模方法中有更特殊需求的人，以下是一些特定方法的建議：

- *使用 IRIS 和 CAIRIS 設計可用且安全的軟體*，作者：Shamal Faily（Springer）
- *以風險為中心的威脅建模：攻擊模擬和威脅分析過程*，作者：Tony UcedaVélez 和 Marco M. Morana（Wiley）

附錄 A

一個可行的例子

我們相信，你已經深入了解威脅建模的過程，從構建系統模型、獲取有關系統的資訊，到分析潛在漏洞和威脅的抽象表示。在這裡，我們透過一個範例來引導鞏固你的理解。

由於這是一個靜態文件，並且缺乏威脅建模所需要的互動級別資訊，因此以下流程步驟被濃縮成「為了……而做好準備」，然後是「先講結果」（此處無劇透！）從這種方法中，你應該了解如何根據你可能選擇的方法，來處理你自己的威脅建模活動。

高維度的處理步驟

作為第 2 章的提醒，以下是我們將在此範例中，所遵循的高維度的威脅建模步驟：

1. 識別正在考慮的系統中的物件。
2. 識別這些對象之間的關係流。
3. 確定感興趣的資產。
4. 確定對資產影響的可能性。
5. 確定威脅。
6. 確定可利用性。

識別威脅之後，你將提交缺陷、制定緩解措施並與系統開發團隊協調以實現緩解措施；我們不會在這個範例中詳述這些步驟，因為這是特定於組織的，我們不會試圖改變你團隊這些方面的工作（特別是如果對你來說，這些事情現在已經運作得相當好）。

開始你的第一個系統模型

建模的基本過程，從識別系統中的主要構建區塊開始——這些構建區塊可能是應用程式、伺服器、資料庫、數據儲存或其他東西。然後確定每個主要構建區塊彼此之間的連接：

- 應用程式是否有支援 API 或使用者界面？
- 伺服器是否監聽任何通訊埠？如果是的話，又是透過什麼協定？
- 什麼東西會與資料庫對話，與它通訊的是什麼，它只讀取數據，還是也寫入數據？
- 資料庫如何控制存取？

重複這個問答流程，並且遍歷系統模型中相鄰的每個實體，直到完成所有必要的連接、介面、協定和資料流。

接下來，選擇其中一個實體（通常是應用程式或伺服器元素），它可能包含你需要發現的其他詳細資訊，以識別關注的區域，並將其進一步分解。關注應用程式的入口點和出口點，以及在你關注的元件與其他元件、或與實體之間傳輸資料和其他訊息的通訊渠道；一定要確定跨渠道傳遞的數據，其通訊協定、資料類型和敏感性。

根據你在與團隊合作期間識別到的資訊，使用註釋以更新你的系統模型。

在你的威脅建模活動中，你將需要利用你的判斷力，以及對安全原則和技術的了解來蒐集資訊，以支持漏洞和威脅識別。

在開始之前，如果你預期從選擇的方法中得到圖形化的模型，請選擇一種威脅建模方法並定義你打算使用的符號集。對於這個範例練習，我們將使用資料流向圖（DFD）作為主要建模的方法，並標記可選的啟動器；在此範例中，我們不會使用可選的介面符號或信任邊界符號。

領導威脅建模活動

作為建模活動的領導者，請確保包括正確的利益相關者：邀請首席架構師（如果存在）以及其他設計師和開發主管參加會議，還應該考慮邀請 QA 負責人。鼓勵專案的團隊所有成員為模型的構建提供他們的意見，但實際上，我們建議將與會者名單保持在可管理的範圍內，以最大限度地利用參加者的時間和注意力。

如果這是你或你的開發團隊第一次創建系統模型，請慢慢開始。向團隊解釋活動的目標或預期結果，說明你預計活動需要多長時間、你將遵循的流程、你在活動中的角色以及每個利益相關者的角色。萬一團隊成員彼此不熟悉，請在會議開始前陸續進行介紹。

你還應該決定誰會負責活動期間的對話其所需的任何繪圖。我們建議你自己畫圖，因為它始終將你置於交談的中心，並為與會者提供專注於手頭任務的機會。

在探索系統時，有幾點值得記住：

活動時間點至關重要

若太快召開活動，設計共識將無法充分形成，由於具有不同觀點的設計師會互相挑戰並在線上進行討論，因此會產生很多混亂。若太晚舉行活動，設計將成定案，威脅分析期間發現的任何問題可能無法及時解決，使你的會議成為一種技術文件的實踐而不是威脅分析。

不同的利益相關者會有不同的看法

我們發現，當討論涉及到系統的實際設計或實作方式時，利益相關者並不總是有同樣的想法、共識，尤其是隨著與會者人數的增加，這種情況很常見；你將需要能夠引導對話以確定設計的正確路徑。你可能還需要主持討論，以避免出現空洞和循環的對話，還要注意桌邊的竊竊私語，因為它們會帶來不必要且耗時的干擾。這也會導致靈光乍現，即設計的期望與實際的實作面發生衝突，團隊能夠識別出約束條件在不受控制的情況下，修改了初始設計的哪些點。

寬鬆地結尾是可以的

正如我們之前提到的，雖然你可能力求完美，但也要能夠接納缺失資訊的存在。只要確保盡量地避免或減少已知地錯誤資訊。在模型中有一個充滿問號的資料流或元素，比一切都完整但有一些已知的不精確資訊來得要好。對模型而言，不正確的輸入資訊只會產出不正確的結果。在這種情況下，不精確的資訊將導致分析結果不佳，這可能意味著錯誤的發現，或者更糟的是，在系統的潛在關鍵區域缺乏發現。

範例練習：創建系統模型

對於本範例練習，我們選擇示範的是工業控制系統，理論上的過程。這是來自產品負責人對系統的基本描述和簡單細節：

> 本系統為洩壓閥工業控制系統；該產品代號為 *Solar Flare*。它由一個控制閥門的裝置，和一個讀取接近閥門的管道內其壓力水平的感測器而組成。這是一個「智慧」閥門，它根據控制平面的指示，來決定何時打開閥門以及保持在打開狀態多長時間。閥門和感測器與控制平面進行通訊，控制平面則運行於我們託管在公用雲端服務提供商的雲端服務上，其中亦包含一個用於歷史數據趨勢和閾值設置的資料庫，以及一個設備「影子」。控制平面打開與設備相連接的通訊渠道，並以設備控制協定進行溝通，此渠道用於數據蒐集與使用指令控制設備。

從這個基本描述中，你或許對可能存在問題的地方有一些想法，並且或許還有更多你想問的問題。盡量避免一下子就跳入「找尋解法」的階段，作為促進建模練習的一部分，提出的任何問題都是為了蒐集更具體的資訊，而不是在此時即做出判斷，儘管你在準備的階段，可能會為以後的事而感到擔憂。雖然你可能會看到令人擔憂的明顯區域，但你應該希望（並且在某種程度上需要）與你一起工作的團隊成員，願意協同合作並且對你開放，以便從他們那裡獲得盡可能好的細節來描述這個系統。

若讀者不甚熟悉本範例中所使用的首字母縮略詞，作為一個指南，這裡有一些快速定義：

UART

通用異步接收器 / 發送器

RS-232

序列通訊協定

GPIO

通用型之輸入輸出

MQTT

訊息佇列遙測傳輸

RTOS

即時作業系統

識別元件、流程和資產

在這個階段，你對系統已有一個基本的描述——它是什麼、它應該做什麼以及什麼在（或者可能不在）範圍內。下一步很簡單；你所要做的就是與團隊成員相互地進行詰問，以了解系統及其元件的細節，以構建模型並確定值得保護的資產。

由於此練習是非交互式的，我們將為你省去壓力和尷尬的對話，並為你提供你可能蒐集到的資訊：

- 該系統包含閥門控制裝置、閥門單元、遠端控制服務和壓力感測器。
  - — 閥門控制器協同感測器陣列單元，一同被稱為閥門控制裝置。
    - — 該設備分別透過 UART 和 GPIO 線路，藉由序列通訊連接到感測器和閥門單元。
    - — 該設備具有 IPv4 網絡功能以支援遠端控制服務。
    - — 該設備啟動與遠端控制服務和閥門模組的通訊，而且每個通訊都是雙向的。
  - — 基於私有雲的遠端控制服務具有數據分析功能。
    - — 遠端控制服務從閥門控制器和感測器陣列單元中獲取數據，並使用此資料決定何時打開或關閉連接的閥門。
  - — 閥門單元是一個機械閥門，帶有一個電子控制的氣動式執行器。
  - — 感測器則測量閥門前管道中的壓力。

基於這個資訊，系統元件的繪圖可能類似於圖 A-1。

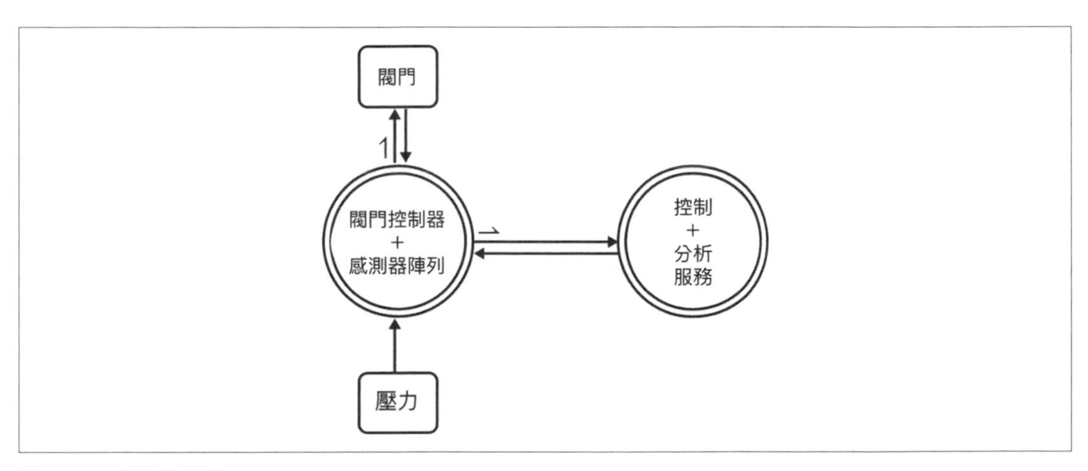

圖 A-1 系統環境圖

請不要擔心你沒有藝術天分。當你發現有價值的安全或隱私漏洞時，沒有人會因為任何繪圖而指責你。根據我們的經驗，手繪圖有助於在與開發團隊會面時打破僵局。

從之前蒐集的資訊開始，你將希望更深入地了解每個元件和流程的細節，以更深入地了解系統及其特徵。你可以透過針對系統模型中每個實體屬性的定向問題來做到這一點。針對每種類型的物件，你應該參考第 1 章來了解你可能會提出的一些問題；另外請參閱第 5 章中的主題列表以了解更多想法。

在這些後續對話之後，你可能會得到以下資訊：

- 該設備使用 ARM 處理器並運行 RTOS 和用 C 程式語言編寫的服務以協調操作。
  - 發送到遠端服務的數據訊息和來自遠端服務的控制訊息，通過 MQTT（一種常見的物聯網訊息佇列）傳輸，並由控制代理服務處理。
  - 雲代理服務在「影子」中維護設備狀態記錄，並在本地端和遠端控制服務上協調任何更改。
  - 感測器讀取器服務通過 UART 通訊線，從感測器上讀取數據並更新線上的影子。
  - 閥門控制服務通過 GPIO（輸入端）獲取閥門狀態，並使用此資訊使設備影子保持最新狀態。它還透過 GPIO（輸出端）寫入閥門驅動訊號以觸發打開或關閉狀態。最後，該服務將根據設備影子中的狀態變化觸發閥門打開或關閉。
- 感測器正在查看閥門前方管路中的壓力，以每平方英寸有多少磅（psi）為單位測量；數據通過序列（RS-232）線路傳送到閥門執行器控制設備。
- 執行器可以接收信號來啟動（打開）閥門；未收到信號時的預設狀態是停用（關閉）閥門。
  - 執行器的打開 / 關閉狀態，透過另一組 GPIO 線路輸出，然後由設備上的閥門控制服務讀取。
- 控制服務有兩個主要功能 —— 影子服務和決策支持服務 —— 用 Go 程式語言編寫（*https://golang.org*）。
  - 影子服務維護已連接設備狀態的副本，並可以透過 MQTT 通訊渠道從設備端蒐集數據，首先將數據儲存在設備影子中，然後再儲存在資料庫中，即 CockroachDB（*https://oreil.ly/BybER*）。

— 決策支持服務分析資料庫中的數據以確定何時打開或關閉閥門；根據這些計算，它會使用設備狀態以更新設備影子。

伴隨這些關於系統元件的附加資訊，你可能會得到如圖 A-2 和 A-3 所示。

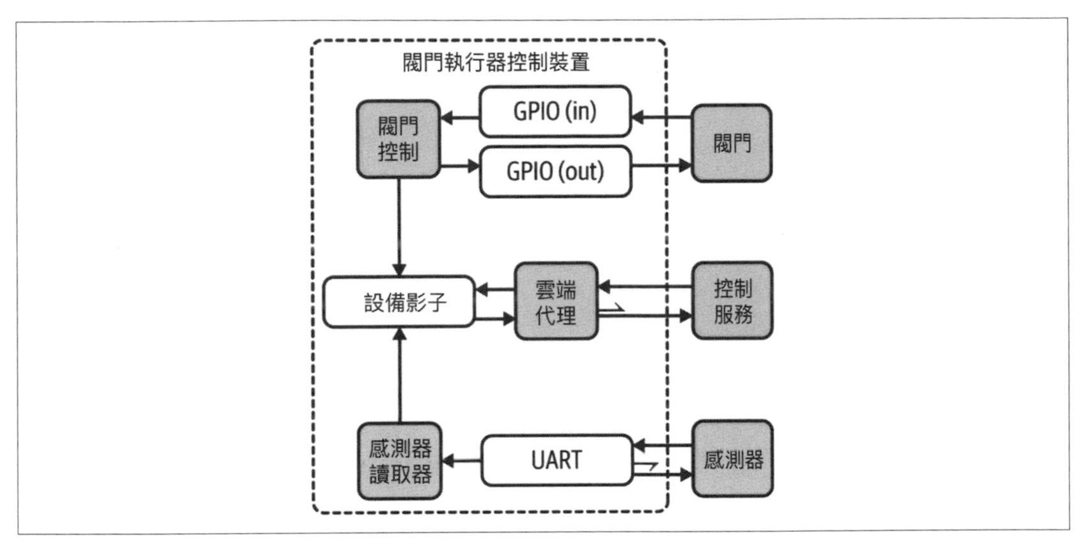

圖 A-2 閥門控制裝置第一層示意圖

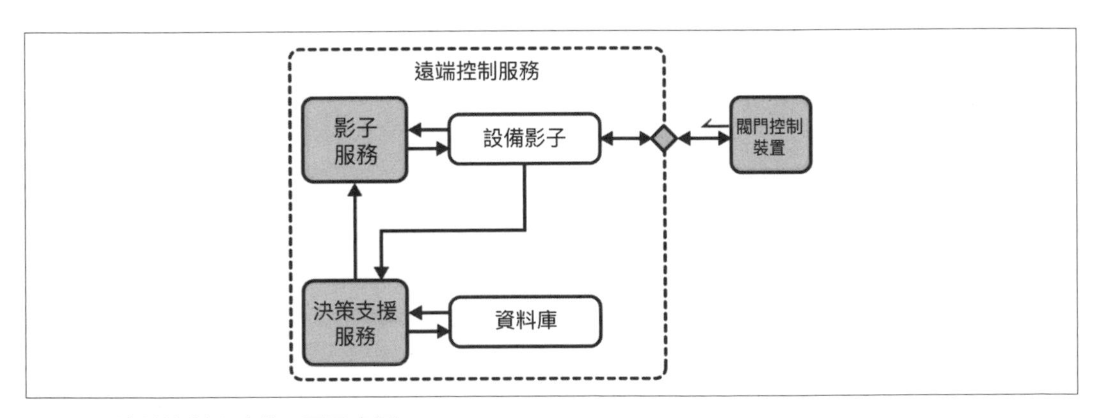

圖 A-3 遠端控制服務第一層示意圖

最後，你將需要識別有價值的資產以及對於所識別資產的安全（或隱私）要求。這個範例系統中的一些資產可能是顯而易見的；至於其他的資產，可能會在與團隊交談後才能確定。

以下是此範例中系統的重要資產，與每個資產的安全要求。請注意，由於系統的性質（工業控制應用程式），隱私性在此範例中不是問題。另外，請注意，需求以半優先的順序呈現，亦是基於此範例中的應用程式之目的：

感測器數據

　可用性對於決策過程至關重要，但完整性也很重要；傳感器連接是完全地可驗證的。

閥門狀態數據

　與感測器數據相似。

閥門驅動信號

　可用性是關鍵屬性。

設備影子

　設備影子中的數據，需要正確（完整性）和保持最新（可用性）。

設備影子的數據（傳輸中）

　在設備和控制服務之間傳輸的數據需要不被竄改（完整性）並且可以選擇保密。

分析資料庫

　資料庫中的數據需要具有完整性；因為資料庫在公有雲環境中，所以需要保護它不被其他租戶讀取，包括公有雲端服務提供商（保密性）。

閥門控制服務

　服務需要正確運行（完整性）並且及時運行（可用性）。

感測器讀取器服務

　該服務需要正確地解釋感測器的數據（完整性）。

雲代理服務

　該服務需要正確地運行，並且與正確的遠端控制伺服器進行通訊（完整性、可用性）。

影子服務

服務需要正確運行（完整性）並且可用（可用性）。

決策支援服務

服務需要正確運行（完整性）並及時運行（可用性）。

識別系統弱點和漏洞

使用到目前為止蒐集的資訊，你現在應該留意系統中資產的潛在關注區域。特別是，這表示針對可能被影響的已識別資產之一（以及每項資產的安全要求之一），尋找可被利用的弱點。

以下是你在此範例中需要考慮的一些潛在弱點：

1. 感測器的數據可以被攔截和修改，但這需要實體的訪問序列線路或連接器。
   a. 感測器的數據格式不提供完整性保護。
   b. 感測器的數據通訊線路，在斷線的情況下沒有冗餘措施以提升其可靠度。
   c. 感測器不向設備控制器進行身分驗證，而是透過實體連接的方式連接到設備控制器，因此可以目視檢查其身分的真實性和竄改情況。
2. 閥門狀態的數據可以被攔截和修改，但這需要對 GPIO 線路進行實體的訪問。
   a. 閥門狀態的數據格式不提供完整性保護。
   b. 閥門狀態的資料通訊線路，在發生故障時沒有冗餘措施以提升其可靠度。
   c. 閥門模組未經由設備控制器進行身分驗證，但透過實體連接的方式連接到設備控制器，因此可以目視檢查其身分的真實性和竄改情況。
3. 如果 GPIO 線路被切斷（需要對 GPIO 進行實體的訪問），則可以防止閥門驅動信號到達閥門。
4. 如果控制器設備斷電，設備影子（設備端）可能會被破壞。
   a. 在以非記憶體安全程式語言編寫的服務的控制下，設備影子的數據被保存在設備控制器的記憶體中。
   b. 設備影子被定義為具有固定記憶體大小的結構。

5. 任何有權存取雲端服務帳戶的人，都可以訪問分析資料庫。
    a. 資料庫不支援數據加密。
    b. 資料庫被託管在具有內建加密功能的儲存節點上。
6. 閥門控制服務被賦予高度優先事件。
7. 感測器讀取器服務被賦予高度優先事件。
8. 雲代理服務可能會將設備影子的數據，發送到錯誤的雲端服務。
    a. MQTT 作為協定，並沒有完整性或機密性保護。
    b. 傳輸協定是可靠的。

此外，任何有權訪問設備控制器和雲端服務之間網絡連接的人，都可以攔截和修改傳輸中的 MQTT 數據。

提醒：出於示範目的，這不是對系統資產的所有可能影響的完整列表。相反地，我們正試圖向你說明哪些是你可能會發現的內容，並展示如何結束威脅建模練習。

識別威脅

基於你從系統建模練習中確定的所有資訊，揭露了以下威脅：

1. 惡意行為者可以欺騙遠端控制伺服器，以欺騙閥門執行器控制設備將其數據發送到對手控制下的系統；這需要與閥門執行器控制設備位於同一子網上，或者以特殊的手段獲取雲端服務的帳戶。
2. 惡意行為者可以欺騙遠端控制伺服器，從而進一步欺騙閥門執行器控制設備執行不正確的動作（例如，在錯誤的時間打開閥門，或者未能在正確的時間打開閥門）；這需要與閥門執行器控制設備位於同一子網上，或者以特殊的手段獲取雲端服務的帳戶。
3. 惡意行為者可以阻止壓力感測器的數據，被傳達到閥門執行器控制設備，或者修改感測器的數值；這需要對設備或感測器進行物理上的存取。
4. 惡意行為者可以阻止閥門驅動信號到達閥門，從而導致閥門前後的壓力發生意外變化。
5. 惡意行為者可以阻止閥門狀態的資訊，被傳達到閥門執行器控制設備，從而可能影響決策支持服務的運行方式（導致未來打開或關閉閥門的錯誤操作）。

確定可利用性

前述的五個威脅看起來相當嚴重，但應該首先修復哪個？這是事情變得有點模糊的地方。**嚴重性**和**風險**之間存在差異。在計算可利用性（這對於確定已識別漏洞和威脅的優先程度很有用）時，我們可以使用諸如通用漏洞評分系統（CVSS）之類的工具來生成分數。作為複習，以下因素推導出 CVSS 分數：

- AV：Attack vector
- AC：Attack complexity
- PR：Privileges required
- UI：User interaction (required)
- SC：Scope change
- C：Confidentiality
- I：Integrity
- A：Availability

一些威脅具有其他基於其性質的嚴重性的數值，我們將在它們發生時調用這些值。

威脅 1 和 2，涉及惡意行為者欺騙雲端服務端點，這是可能的，因為 MQTT 協定通訊渠道未使用安全協定。與許多威脅一樣，可能有多種方法可以利用此漏洞並造成負面影響。

這種威脅的其中一個利用路徑——攻擊者在閥門執行器控制設備的本地子網絡上植入遠端連工具）的 CVSS v3.1 因素是：

- AV：Adjacent network
- AC：Low
- PR：None
- UI：None
- SC：None
- C：High
- I：High
- A：High

得到的 CVSS v3.1 分數、等級和向量為 8.8/High（CVSS:3.1/AV:A/AC:L/PR:N/UI:N/S:U/C:H/I:H/A:H）。

或者，具有帳戶訪問權限的攻擊者可以修改遠端控制服務的入口點，使其無法正常執行（至少從閥門執行器控制設備的角度來看）。在這種情況下，有以下因素：

- AV：Network
- AC：High
- PR：High
- UI：None
- SC：Yes
- C：High
- I：High
- A：High

得到的 CVSS v3.1 分數、等級和向量為 8.0 / High（CVSS:3.1/AV:N/AC:H/PR:H/UI:N/S:C/C:H/I:H/A:H）。

你應該繼續對威脅 3、4 和 5 進行評級，以作為對你自己的練習。

總結一下

在威脅建模活動的這一點上，你將對已識別問題的潛在嚴重性有很好的理解，並且可以根據所考慮的系統的特徵來執行風險估計。你可以想像一下，與其他威脅相比，某些威脅更容易修復或減輕影響，修復的成本也更低。

將雙向 TLS 添加到 MQTT 通訊渠道，將減輕威脅 1 和 2，它們是最嚴重的威脅（當使用 CVSS v3.1 評估嚴重性時）。

附錄 B

威脅建模宣言

我們先在安全和隱私社群中定義一個子集，該子集由在威脅建模中具有我們所謂的「出自於自身興趣」的人組成。這些人有的是在學術環境中研究方法，有的是以公司專業人員或顧問的身分進行威脅建模，在行業裡的研討會議上就該主題發表演講，並定期宣傳威脅建模。這些人相信並從經驗中知道，威脅建模是開發更安全系統的一種有價值的做法。

威脅建模社群是源於眾多個人的一個集合。它一直聲勢浩大且產出眾多成果，但自 2017 年以來，它開始看到公司和產品開發團隊對威脅建模的興趣在上升。在 2019 ～ 2020 年，一種感覺開始在威脅建模社群中蔓延，即——是時候摒棄威脅建模是少數專家實踐的「藝術」的普遍信念，並開始將其視為一門可以被教授的學科，如 Chris Romeo 指出的那樣：「身教勝於言教」（*https://oreil.ly/4lVGI*）。與其他學科一樣，可以被研究、測量、解釋、測試、改進、質疑和討論威脅建模；形成事實上的紀律的所有過程。

我們分享自身和威脅建模社群許多成員的經驗，為你提供前進所需的背景知識。在整本書中，我們小心翼翼地指出我們的個人信仰和經驗在哪裡發揮作用。

在 2020 年中[1]，威脅建模社群中有許多我們在之前的合作中認識並尊敬的知名人士，齊聚一堂於華盛頓特區，共同創建**威脅建模宣言**小組。我們很榮幸成為這個群組的一員，並成為第一個分享此資源及其故事背景的書籍。這一切並非巧合，你會認出我們在本書中曾經深入地討論過的許多價值觀和原則。

1 台灣嚴重特殊傳染性肺炎（COVID-19）期間。

方法和目的

這些人想把一切整理得井然有序，這樣威脅建模就可以在堅實的基礎上發生。這些個別的作者共同擁有數十年的威脅建模教學、實踐和研究經驗。我們（宣言的作者，從這裡開始，除非另有說明）發現，藉由從敏捷宣言（*https://agilemanifesto.org*）的成功經驗中汲取靈感，我們也許可以一種方式提煉這些經驗，使得其他人會發現有價值的東西，而這將作為未來改進的基礎。透過這種方式，威脅建模宣言分為三個部分：

1. 定義和範圍
2. 威脅建模的價值
3. 威脅建模的原則

為什麼要從定義和範圍開始？難道我們都不知道什麼是威脅建模嗎？好吧，我們都知道。現在你也知道了。但是……在我們最初的討論過程中，很明顯有時我們的行為就像寓言「盲人摸象」中的盲人一樣（*https://oreil.ly/McFdH*）（還記得第 3 章嗎？這是一個有用的比喻！）。雖然我們都「知道」威脅建模是什麼，但根據我們的經驗和個別的方法，有時候它展現的不同面向，其表現來得比其他方面更重要、更核心或更具定義性。我們之中的一些人，關注如何引發威脅，其他人更多地關注於創建模型以符合現實情況，其他人則更多地關注本質上如何做好整件事的方法。

透過收斂到一個最小的定義（注意，我們並不是說**同意！**），我們能夠圍繞著所有這些共享的想法與個人的意見以進行對話，並將其歸結為威脅建模在實際上可能是什麼樣子。從那裡開始，我們即能夠構建模型。

這些值以「我們重視 *x* 勝過於 *y*」的格式出現。這並不是說 *x* 在本質上優於 *y*，或者應該始終避免使用 *y*。這樣的表達方式意味著在我們蒐集經驗的期間，我們觀察到 *x* 通常比 *y* 帶來更好的結果。有時 *y* 是完全可以接受的，甚至 z 也會作為不同的特徵出現。但整體而言，我們都同意 *x* 比 *y* 更令人滿意。這些原則旨在根據定義來解釋價值觀。

我們（Matt 和 Izar！）感謝威脅建模宣言（Threat Modeling Manifesto）小組的其他成員提供這種協作、學習和討論的經驗。事不宜遲，我們很自豪地介紹──威脅建模宣言。

威脅建模宣言

什麼是威脅建模？

威脅建模旨在分析系統的抽象表示式，藉此以強調對安全和隱私特徵的關注。當我們進行威脅建模時，若是針對較高維度的討論，我們會問四個關鍵問題[2]：

1. 我們在做什麼？
2. 會出什麼問題？
3. 我們該怎麼辦？
4. 我們做得夠好嗎？

為什麼要建立威脅模型？

當你執行威脅建模時，你會開始認識到系統中可能出現的問題，它還允許你查明需要緩解的設計問題和實作問題，無論是在系統的早期還是在整個生命週期中。威脅模型的輸出（稱為威脅）為你在後續設計、開發、測試和部署後的階段，可能做出的決策提供資訊。

誰應該建立威脅模型？

你，每個人，任何關心其系統的隱私性、安全性和安全保障的人。

我應該如何使用威脅建模宣言？

使用宣言作為指南，來開發或改進最適合你需求的方法。我們相信，遵循宣言中的指導，將帶來更有效和更有生產力的威脅建模。因此，這將幫助你成功地開發更安全的應用程式、系統和組織，並保護它們免受對你的數據和服務的威脅。宣言包含想法，但不是如何實現的具體方法，並且與所選擇的建模方法無關。

透過確定以下兩個準則，威脅建模宣言遵循與敏捷宣言類似的格式[3]：

- **價值**：威脅建模中的價值是指具有相對價值、優點或重要性的東西。也就是說，我們更看重那些能夠帶來更好結果的東西。

2 「Shostack 的威脅建模 4 個問題框架」（*https://oreil.ly/NlzOH*），作者 Adam Shostack，威脅建模宣言小組的成員。

3 2001 年創建的敏捷軟體開發宣言確定了軟體開發的價值和原則，其中一些與本威脅建模宣言相一致。

- **原則**：原則描述了威脅建模的基本事實。原則分為三種類型：(1) 基本、主要或一般真理始賦能成功的威脅建模，(2) 強烈推薦的模式，以及 (3) 應該避免的反面模式。

價值觀

我們已經開始重視：

- 一種查找和修復設計問題的文化，而不是在檢查合規性的文件上打勾。
- 流程、方法和工具上的協作和參與人員。
- 這是一趟了解安全簡要情況或隱私簡要情況的旅程。
- 進行威脅建模而不只是紙上談兵。
- 對單次交付之後的持續改進。

原則

我們遵循以下原則：

- 威脅建模的最佳用途，是透過早期和頻繁地分析，來提高系統的安全性和隱私性。
- 威脅建模必須與組織的開發實踐保持一致，並遵循迭代中的設計更改，每個迭代的範圍都被限定為系統的可管理部分。
- 當威脅建模的結果對利益相關者有價值時，它們是有意義的。
- 對話是建立共同理解以帶來價值的關鍵，而文件則記錄這些理解並實現可被衡量的方式。

這些模式有利於威脅建模：

- **系統化的方法**：藉由有結構的方式應用安全和隱私知識，實現徹底性和可重複性。
- **將理論付諸實踐**：使用符合當地需求的，並且經過成功地現場測試的技術，以了解有關這些技術的優勢和局限性的最新思考。
- **見多識廣的創造力**：藉由工藝和科學來允許創造力。
- **不同的觀點**：組建一支由適當的主題專家和跨部門、多種職能協作的多元化團隊。
- **有用的工具包**：使用工具支援你的方法，使你能夠提高工作效率、增強工作流程、實現可重複性並提供可衡量性。

這些反面模式會抑制威脅建模：

- **完美的表現方式**：最好創建多個威脅建模表示式，因為沒有任何單一視圖即可滿足建模需求，並且額外的表示式可能會說明不同的問題。
- **個人英雄主義**：威脅建模不依賴於一個人的先天能力或獨特的思維方式；每個人都可以執行它而且應該要這樣做。
- **對問題的敬佩**：不僅僅是分析問題；尋求實用和相關的解決方案。
- **過度集中注意力的傾向**：不要忽視全局，因為模型的各個部分可能相互依賴。避免過分地關注對手、資產或技術。

關於

我們制定威脅建模宣言的目的，是分享我們集體威脅建模知識的提煉版本，這種方式應該通知、教育和激勵其他從業者採用威脅建模，並在開發過程中提高安全性和隱私性。

經過多年以來的思考、執行、教學和開發威脅建模實踐的經驗，我們制定了這份宣言。我們擁有不同的背景，包括行業專家、學者、作家、實踐專家和演講者，我們匯集了威脅建模的不同觀點。隨著我們仍在進行的對話，其重點關注條件和方法以帶來威脅建模的最佳結果，與當我們失敗時該如何糾正，以繼續塑造我們的想法。

作者群

威脅建模宣言的工作小組，由具有多年安全或隱私威脅建模經驗的個人所組成：

- Zoe Braiterman, @zbraiterman
- Adam Shostack, @adamshostack
- Jonathan Marcil, @jonathanmarcil
- Stephen de Vries, @stephendv
- Irene Michlin, @IreneMichlin
- Kim Wuyts, @wuytski
- Robert Hurlbut, @RobertHurlbut
- Brook S.E. Schoenfield, @BrkSchoenfield
- Fraser Scott, @zeroXten

- Matthew Coles, @coles_matthewj
- Chris Romeo, @edgeroute
- Alyssa Miller, @AlyssaM_InfoSec
- Izar Tarandach, @izar_t
- Avi Douglen, @sec_tigger
- Marc French, @appsecdude

工作小組感謝 Loren Kohnfelder 和 Sheila Kamath 對本書內容以及文章結構提供技術編輯審查和專家反饋。

索引

※ 提醒你：由於翻譯書籍排版的關係，部分索引內容的對應頁碼會與實際頁碼有一頁之差。

A

B

C

D

E

F

G

H

I

J

K

L

M

N

O

P

Q

R

S

T

U

V

W

X

Y

Z

關於作者

Izar Tarandach 是橋水基金的高級安全架構師。在此之前，他曾擔任 Autodesk 的首席產品安全架構師和 Dell EMC 的企業混合雲安全架構師，並長期在 Dell EMC 產品安全辦公室擔任安全顧問。他是 SAFECode 的核心貢獻者，也是 IEEE 安全設計中心的創始貢獻者，同時也是波士頓大學數位鑑識課程和奧勒岡大學安全開發方面的講師。

Matthew Coles 是 EMC、Analog Devices 和 Bose 等公司產品安全計畫的領導者和安全架構師，他運用自己超過 15 年的產品安全和系統工程經驗，為全球客戶構建產品安全和個性化體驗。Matt 也參與了社群的安全計畫，包括 CWE / SANS 年度前 25 名弱點清單，他也是東北大學軟體安全方面的講師。

出版記事

本書封面上的動物是紅鰍子魚（*Scorpaena scrofa*），分佈於大西洋東部和地中海。

紅鰍子魚的身長最長可達 20 英吋，最大重量可達近七磅。牠們身上的顏色——從深紅色到淡粉色，以及米色和白色——有助於牠們融入環境。牠們在初夏繁殖，其卵會浮到水面孵化。

這些魚的鰭上有許多有毒的防禦刺，脊柱中間的通道將毒液從底部的腺體輸送防禦刺並刺入敵人體內。紅鰍子魚是夜行性捕獵者，在夜間沿著海底游動，以其他魚類、螃蟹和軟體動物為食。

商業拖網漁船會捕捉紅鰍子魚，此種魚類作為傳統普羅旺斯法式海鮮湯食譜中的一種食材而備受推崇（法國食譜將這種魚稱為 *rascasse* 或 *scorpion de mer*）。

儘管面臨商業壓力，紅鰍子魚仍被國際自然保護聯盟列為最不受關注的物種。O'Reilly 書籍封面上的許多動物都面臨瀕臨絕種的危機，牠們都是這個世界重要的一份子。

封面插圖由 Karen Montgomery 繪製，基於 *Wood* 的 *Illustrated Natural History*（1854）的黑白版畫。

威脅建模｜開發團隊的實務指南

作　　者：Izar Tarandach, Matthew J. Coles
譯　　者：簡誌宏
企劃編輯：詹祐甯
文字編輯：王雅雯
特約編輯：楊心怡
設計裝幀：陶相騰
發 行 人：廖文良

發 行 所：碁峰資訊股份有限公司
地　　址：台北市南港區三重路 66 號 7 樓之 6
電　　話：(02)2788-2408
傳　　真：(02)8192-4433
網　　站：www.gotop.com.tw
書　　號：A721
版　　次：2024 年 05 月初版
建議售價：NT$680

國家圖書館出版品預行編目資料

威脅建模：開發團隊的實務指南 / Izar Tarandach, Matthew J. Coles 原著；簡誌宏譯. -- 初版. -- 臺北市：碁峰資訊, 2024.05
面；　公分
譯自：Threat Modeling: A Practical Guide for Development Teams
ISBN 978-626-324-698-0(平裝)
1.CST：資訊安全　2.CST：電腦網路
312.76　　112020306